AF730590

Yvo JACQUIER

LE LIVRE DE LA GÉOMÉTRIE AVEC LES YEUX

Base de la composition dans les arts

© 2017, Yvo Jacquier — Tous droits réservés
ISBN 978-80-270-1312-8

Éditeur : Yvo Jacquier
Norská 1014/2, 101 00 Praha 10, Vršovice, Tchéquie

Dépôt légal : Mars 2017

PRÉSENTATION

Le but de cet ouvrage est d'exposer de façon didactique un chapitre inédit de géométrie, dont les éléments s'enracinent dans des traditions pré-euclidiennes. Nous mettons en avant la cohérence mathématique de ce corpus, ancré sur la notion de similitude auquel le nom de Thalès est souvent attaché.

L'appellation « géométrie avec les yeux » souligne le caractère visuel des (dé)monstrations, et cela va de pair avec sa transmission orale. Cette approche réduit considérablement la nécessité du calcul dont nous avons le réflexe. Cela permet d'envisager une origine très lointaine, bien avant l'avènement de l'écriture.

Cette dénomination est bien adaptée puisque ces mathématiques ont servi les arts visuels — peinture et architecture, jusqu'à la Renaissance. Enfin, cette qualification est jusque lors inusitée. Son emploi, assorti d'une définition, ne devrait créer aucune confusion.

La recherche dans son ensemble

Les études qui ont précédé cette publication sont un exemple de transdisciplinarité. Pendant près de quinze ans, plusieurs aspects ont progressé de concert, et chaque domaine a respecté sa propre méthodologie. La partie strictement mathématique peut s'extraire de cet ensemble, et elle s'est réalisée en partenariat avec des mathématiciens des IREM — notamment Jean-Paul Guichard de l'IREM de Poitiers. Cette partie théorique pure n'est pas seulement la garante de l'ensemble, elle en est le coeur. Tous les débats s'y sont retrouvés.

Aussi inédite qu'elle soit, la géométrie avec les yeux n'est pas une création au sens strict, une théorie nouvelle comme peuvent en produire les mathématiciens. Elle est le résultat d'une « lecture » appliquée à des œuvres d'art et d'architecture, dans un des aspects les plus méconnus : la composition. L'identification de cette géométrie est au fil du temps devenue une discipline à part entière.

La géométrie comparée déploie un ensemble de méthodes novatrices comme les marges de précision, la comparaison systématique des oeuvres et le redoublement de leur observation à partir de la géométrie. Ces principes se rassemblent sous le terme de méthodologie.

La composition est un art intelligent. La symbolique qu'elle porte n'est pas simplement narrative, et il ne suffit pas de quelques attributs pour la traduire. Ses principes sont mathématiques et métaphysiques. Jean-Paul Guichard nous apprend que chez François Viète, le mot « symbole » en mathématiques a le sens de vérité incontestable. Or dans les arts visuels, l'étude montre que la symbolique est portée par des propriétés géométriques, qui se démontrent. Elles s'appuient sur la partie théorique exposée dans cet ouvrage.

Ces structures doivent trouver un sens dans la réalité historique des œuvres, avant d'affronter l'épreuve déterminante de leur interprétation. Le propre de la transdisciplinarité est d'offrir à des hypothèses fécondes la possibilité d'élargir leur champ de définition; cela leur permet d'atteindre un niveau d'arguments et de crédibilité difficilement envisageables à partir d'une seule discipline. La composition n'est ainsi pas uniquement affaire de mathématiques, ou d'histoire, ou de sens symbolique. Tous ces aspects se conjuguent à l'origine dans l'esprit des créateurs et au final, dans celui du lecteur.

Au long de cet ouvrage, nous ne pourrons négliger les différents aspects de la recherche globale initiale, cependant nous nous concentrerons sur un seul sujet : la géométrie avec les yeux.

La découverte la plus étonnante de cet ouvrage concerne les quatre manifestations du nombre d'or (φ) dans le triangle 3-4-5. La divine proportion n'est pas ici présentée comme un « phénomène étrange ». C'est un des principes parmi d'autres qui permettent de construire des figures de composition.

NB : ***La version PDF du livre propose des visuels en couleur. Ils sont accessibles à l'adresse : http://www.art-renaissance.net/G La grande taille de la typographie de ce livre permet de le manier facilement tout en affichant les images à l'écran.***

I - ÉLÉMENTS DE MONSTRATION

Pour faire des mathématiques, il faut des définitions, de la logique et des axiomes. Les définitions dont nous avons besoin sont très basiques. Les Sumériens et les Égyptiens les concevaient simplement. Les Grecs, notamment Euclide, préciseront ces notions. La logique de la géométrie que nous abordons est en revanche très précise, tout autant que les axiomes, ces choses que l'on admet.

1 – Penser avec les angles

Avant de mesurer les formes avec des instruments (corde à noeuds, règle ou compas), l'homme a d'abord comparé les formes, particulièrement leurs angles, usant de son oeil comme premier outil de « jugement ».

Fig. 1 – La diagonale de triangles semblables

Comme le rapporte Jean-Paul Guichard, citant Choquet (1964) « La notion d'angle est sans doute celle qui soulève le plus de discussions et de difficultés dans l'enseignement de la Géométrie. »

L'angle, tel qu'il apparaît implicitement à notre esprit aujourd'hui, est une invention des Grecs ! Toutes les expressions connues qui précèdent son achèvement, pédagogique et conceptuel, se traduisent dans le concret par des mesures de grandeur. (voir V, 1)

Nous citerons : « Les angles sous tous les angles »
Tangente Hors-série N° 53 — Pôle Paris, 2014
http://www.decitre.fr/revues/tangente-hors-serie-n-53-les-angles-sous-tous-les-angles-9782848841854.html

« Les astronomes mésopotamiens et égyptiens mesuraient la hauteur des astres et des étoiles sur l'horizon. Et c'est toujours ainsi que s'expriment astronomes ou navigateurs. Les architectes égyptiens parlaient de la pente des pyramides (le sekhed), les architectes mésopotamiens de celle de leurs murailles (le fruit). Et c'est toujours ainsi que s'expriment couvreurs, maçons ou panneaux de signalisation routière. »

Ainsi la mesure de l'angle, première notion consacrée de la géométrie avec les yeux, n'était pas « concevable » en nos termes contemporains par les sociétés qui ont développé le savoir que nous abordons. Ils le pensaient sur un quadrillage, et ils se repéraient à ses carreaux pour en parler – tradition orale oblige. Pour autant, l'esprit de similitude ne cesse de trouver dans l'angle son premier argument visuel. Il faudrait se tourner vers les neuro-sciences, à propos de l'aptitude à reconnaître les formes, pour conclure.

Nous affrontons plusieurs aspects à la fois, chacun devenant souci. 1 – La restitution plausible d'une pratique qui se serait développée en Mésopotamie et en Égypte – notamment. 2 – La (re)construction d'une géométrie de quadrillage entièrement cohérente en termes modernes, bien que pré-euclidienne. 3 – Le tout avec une volonté didactique et même pédagogique en ces temps digitalisés... Il semble difficile d'assumer ces trois préoccupations à la fois, à moins de tenir trois discours en permanence, trois langages, sans parler des visuels qui auraient eux aussi besoin de s'adapter. Nous devrons choisir une sorte de barycentre qui permette au bon sens de se faire une idée, quitte à ce que certains prennent la distance vertueuse de l'étude. Nous aurons ainsi recours aux raccourcis, aux entorses de langage et de notation, avec pour principal résultat de rendre cet ouvrage accessible.

2 – La symétrie, première notion logique

Fig. 2 : Le cercle est l'exemple parfait de symétrie. La première approche de la géométrie se préoccupe des angles, et elle pratique la comparaison des formes – particulièrement celle des angles. Appliqué au cercle, cette approche produit un constat : L'angle que fait une droite qui touche le cercle avec le diamètre qui passe à cet endroit est égal de part et d'autre de ce diamètre. Ce constat est « évident » sur un quadrillage.

Fig. 2 – Symétrie au point de tangence & Fig.3 – Cercle et bissectrice

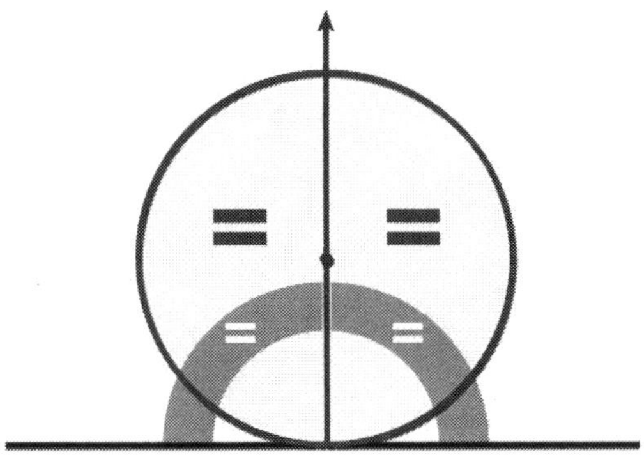

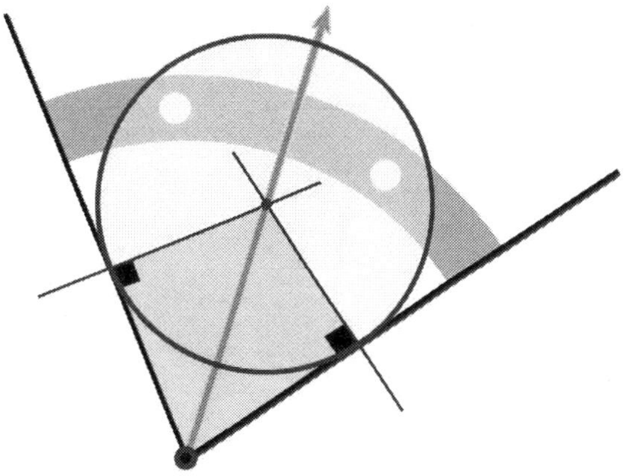

Fig. 3 : Autre exemple de symétrie : la bissectrice d'un angle quelconque passe par le centre de tout cercle qui touche les deux lignes de cet angle. Les deux moitiés du cercle que partage la bissectrice sont symétriques. Il s'en suit l'apparition d'un cerf-volant qui sera l'une des figures de base de toutes les *monstrations* de la géométrie avec les yeux.

3 – Le cercle inscrit au triangle

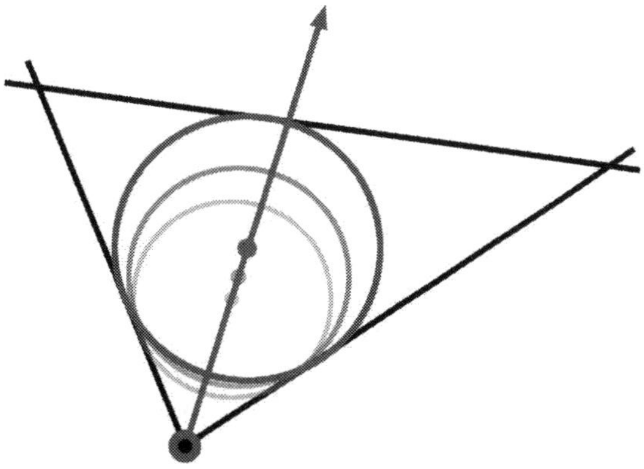

Fig. 4 : Cercle inscrit au triangle quelconque

L'existence d'un et un seul cercle inscrit au triangle procède alors du bon sens. Il suffit d'agrandir le cercle qui croît sur la bissectrice d'un angle jusqu'à toucher le troisième côté. Et les trois bissectrices ne peuvent que se croiser au centre de ce cercle inscrit.

Les premières (dé)monstrations n'avaient pas besoin d'aller aussi loin dans leur extension, car le quadrillage réduit les figures à des cas particuliers. L'approche que nous livrons ici est en quelque sorte celle des mathématiciens Grecs qui avaient appris de l'Égypte.

4 – Le principe de rotation

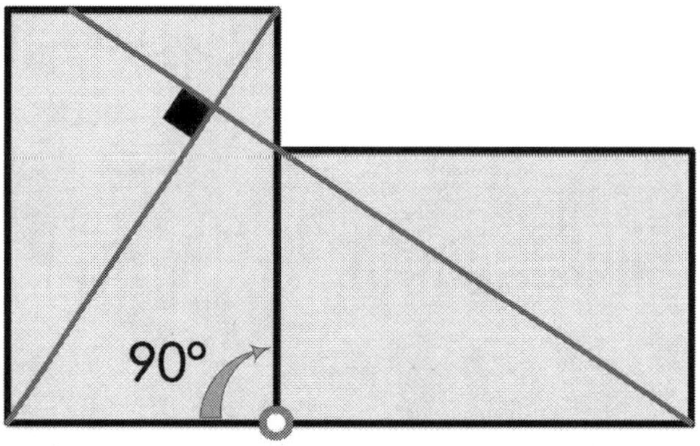

Fig 5 : Principe de rotation d'une forme géométrique.

Autre élément de monstration : Par la rotation d'un quart de tour (90°), tous les éléments se retrouvent à angle droit – comme ici avec un rectangle quelconque. La diagonale du rectangle produit par la rotation est à angle droit de la diagonale du rectangle initial (moitié d'angle plat).

5 – La somme des angles du triangle

Il suffit, par translation, de réunir trois triangles identiques selon leurs trois angles différents au même point O pour le montrer : La somme des angles d'un triangle fait 180°. (ou π, angle plat, ou encore demi-tour).

Fig 6 : L'angle de deux droites est le même de part et d'autre du point où elles se croisent, en particulier l'angle alpha. Cette monstration est de type euclidien, cependant elle est recevable, et utile, dans un cadre pédagogique.

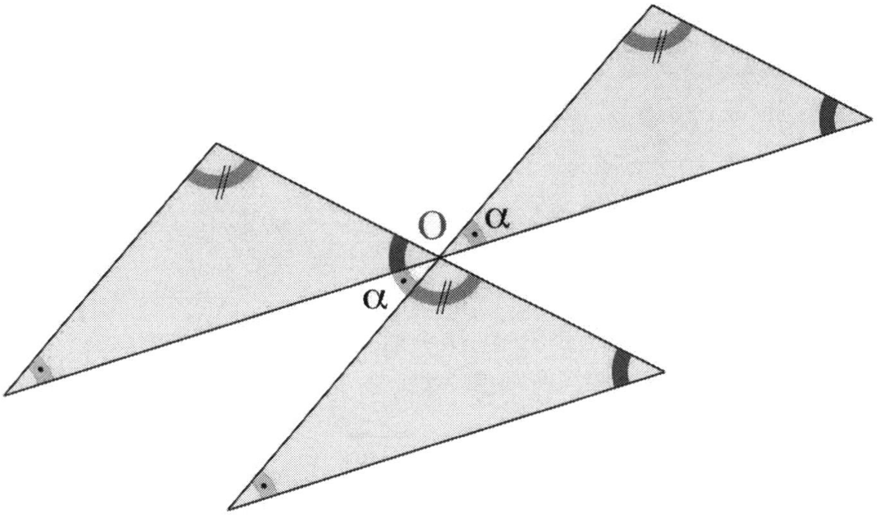

Fig 6 : Somme des angles d'un triangle

Fig 7 : Jean-Paul Guichard remarque qu'il y a plus simple encore : Olivier Keller rapporte une série de frises paléolithiques, gravées sur un support en os. Leur structure permet le même constat.

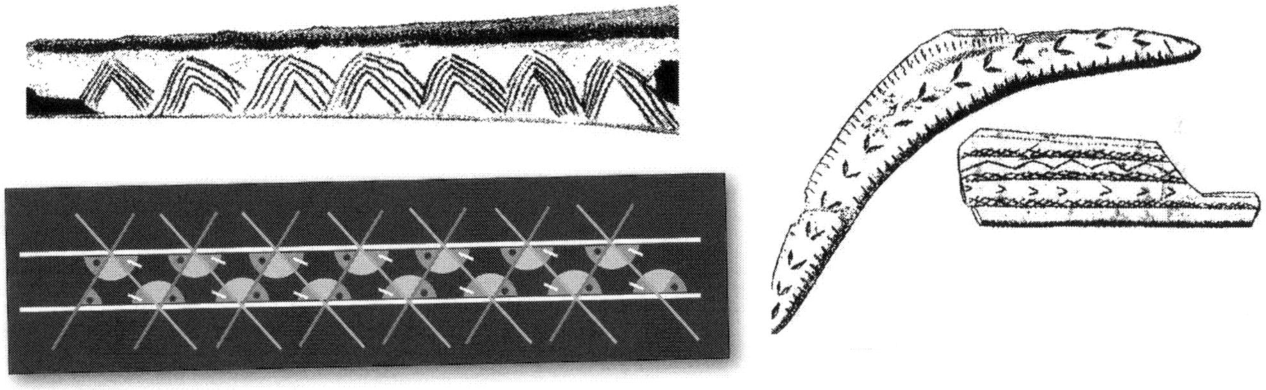

Fig 7 : Visuels extraits du livre d'Olivier Keller

« La figure et le monde, une archéologie de la géométrie »
Olivier Keller – Vuibert, 2006
https://books.google.cz/books/about/La_figure_et_le_monde_une_archéologie_d.html?id=R5oUAQAAMAAJ

6 – Les triangles semblables

La somme des angles d'un triangle est un angle plat. Dans la comparaison de deux triangles, il suffit de constater l'égalité de deux de leurs angles pour établir leur similitude. Le troisième angle procède de la même soustraction. Il est a noter que ce constat se fait au départ “avec les yeux”, par exemple à l'aide de la frise précédente.

Dans le cas particulier des triangles rectangles, l'identité se suffit d'un des deux angles de l'hypoténuse. Ce lien entre les angles non-droits du triangle rectangle est à l'origine de tout un chapitre des mathématiques, notamment sumériennes...

Une question se pose : quand la notion d'égalité des proportions s'est-elle révélée ? Pour la comparaison des triangles, et pour la comparaison des côtés des deux triangles, pris séparément. Quand, exactement, ce savoir que Thalès établira “officiellement” est-il né ?

Avec un peu de bon sens, nous pouvons reconstituer les étapes de cette conquête pour l'esprit. Comme nous l'avons souligné, la première est celle des angles, première approche des tailleurs de pierre et des archers du paléolithique supérieur.

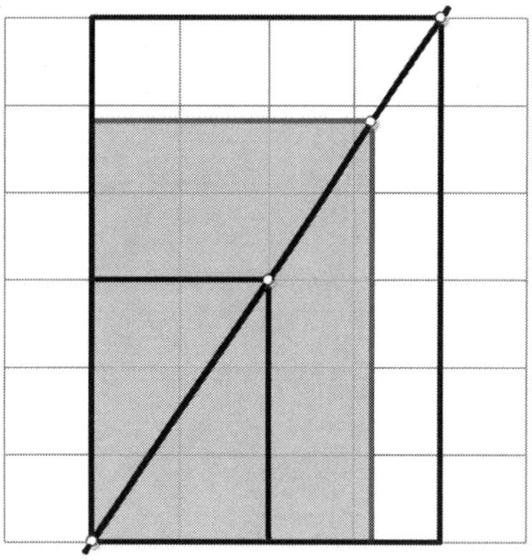

Fig. 8 : Triangle rectangle

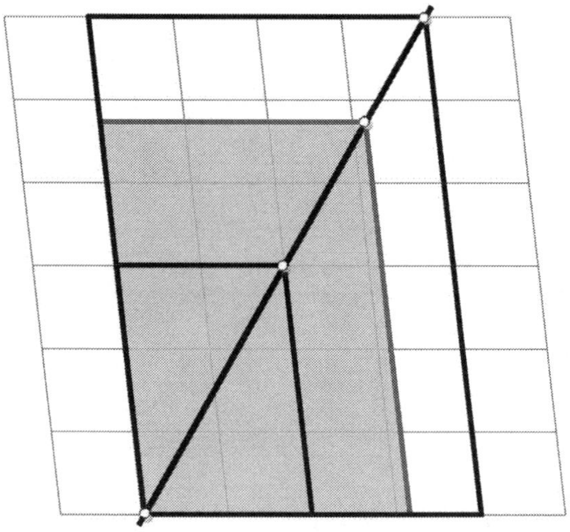

Fig. 9 : Triangle quelconque

Fig. 8 : En toute logique, le premier triangle de l'étude est rectangle, posé sur un quadrillage droit. Les cas particuliers (ci-dessous à gauche, la proportion 3 sur 2) alertent les hommes en recherche de nombres (comptage) et de mesure (distance). L'angle va ainsi devenir rapport entre deux mesures. Cette démarche deviendra trigonométrie.

Une première généralisation étendra ce constat sur les entiers, à propos de triangles simples, à une règle plus large d'ordre axiomatique :

Les triangles rectangles semblables ont les mêmes proportions.

Fig. 9 : Deuxième étape de la généralisation : l'extension de l'axiome au triangle quelconque. La même figure incline les lignes de son quadrillage, qui conserve la même unité de mesure. Le même type de raisonnement conduit à une règle, généralisation de la précédente :

Les triangles semblables ont les mêmes proportions.

7 – Cas particulier de double-carré

Nous trouverons par la suite un cas particulier de triangles semblables. Ils ont le même angle droit et leurs *cathètes* ont la même proportion (= 2).

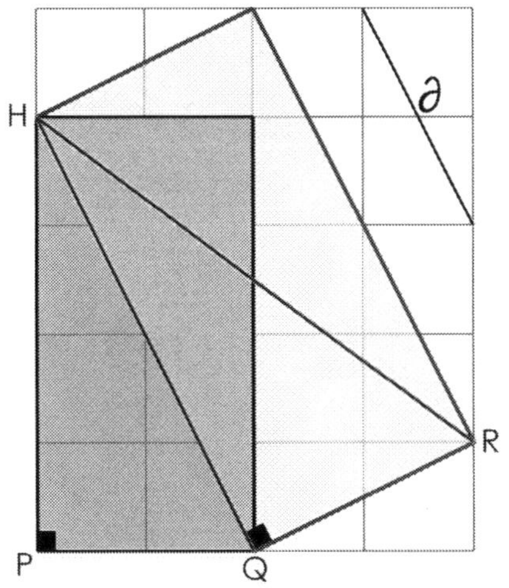

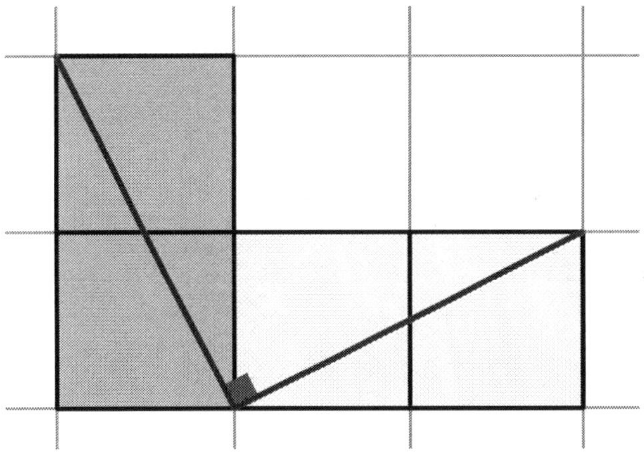

Fig. 10 a) et b) : Le double-carré

La démonstration commence par ce constat : HQ est orthogonal à QR, car QR est obtenu par rotation d'un double carré du quadrillage (détaillée ici à droite). Le triangle 2-1-∂ est appelé *triangle de Pinwheel*, et nous le retrouverons.

Ensuite HQ et HR sont les diagonales de deux rectangles semblables, de proportion hauteur/largeur égale à 2. (le triangle rectangle est souvent envisagé comme la moitié d'un rectangle dans les démonstrations avec les yeux.)

8 – Des concepts qui avancent

Le concept d'aire

Le corpus de géométrie avec les yeux entre régulièrement en contact avec la notion d'aire, cependant son statut s'est logiquement construit par étapes, depuis le principe du puzzle jusqu'au calcul. Pour ceux que ce sujet particulier intéresse, voici un outil pédagogique :

« Enseigner les mathématiques au collège à partir des grandeurs en sixième : les aires. » – IREM de Poitiers, 2010
https://www.pedagogie.ac-aix-marseille.fr/jcms/c_296730/fr/enseigner-les-mathematiques-en-sixieme-a-partir-des-grandeurs

La similitude

De même l'idée de similitude a évolué depuis la reconnaissance d'une ressemblance (par exemple celle de triangles semblables) jusqu'au concept euclidien de transformation des distances selon une constante.

« Enseigner les mathématiques au collège à partir des grandeurs en sixième : les longueurs. » – même adresse web

9 – La présence des instruments

Cette culture cherche la certitude des évidences, ce que l'on nomme axiomes et propriétés en termes modernes, et c'est en même temps une pratique qui ne rompt pas avec ses instruments. Un ouvrage aborde cet aspect :

« Les constructions mathématiques
avec des instruments et des gestes »
Inter-IREM collectif, coordonné par Evelyne Barbin
Ellipses, 2014
http://www.editions-ellipses.fr/product_info.php?products_id=10020

II – FIGURES DE QUADRILLAGE

1 – Le quadrillage

Le quadrillage est la trame de toute réflexion pour la géométrie avec les yeux. Il permet de contourner habilement le calcul, et même de l'éviter. Les nombres sont bien là. Entiers, fractions et irrationnels gardent leur caractère visuel. *Par ex. la √5 « est » la diagonale d'un double carré*.

Le quadrillage permet de construire, de comprendre, de démontrer et de retenir assez facilement les figures géométriques.

2 – La vesica piscis

Comment construire un quadrillage avec une corde, cette ancêtre du compas et de la règle ?

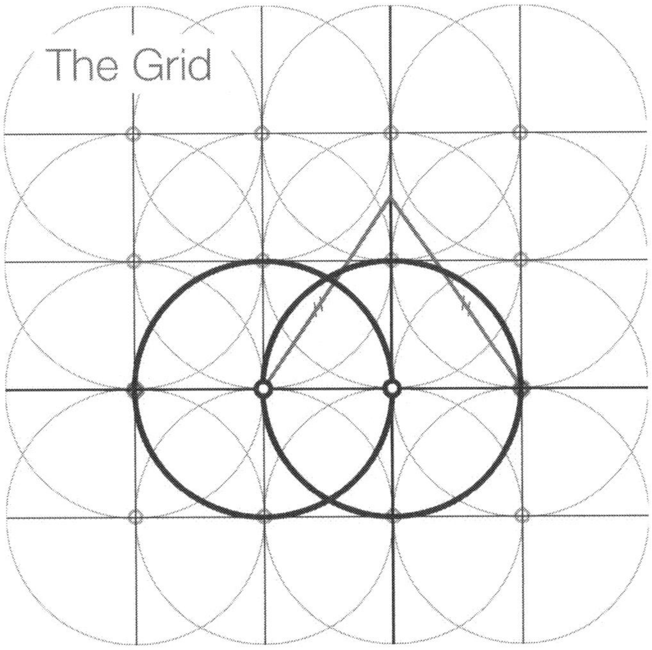

Fig.11 : La Vesica Piscis, « module » du quadrillage

La vesica piscis est formée de deux cercles semblables, quand le centre de l'un se pose sur son cercle jumeau. Elle permet un maillage du plan en quadrillage. Cette figure est probablement la plus ancienne.

Fig.12 : Les « mesures modernes » de la vesica piscis

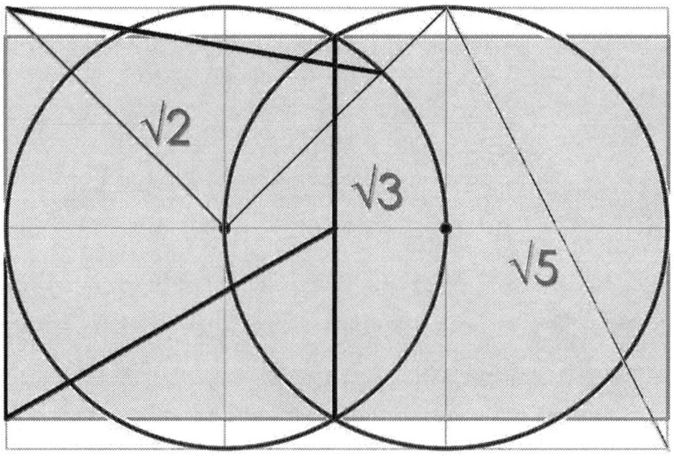

Considéré comme sacré par les pythagoriciens, ce motif archaïque est le symbole originel et sacré de Vénus. Il apparaît au néolithique et semble évoluer entre les notions de fertilité/fécondité et de féminité. La vulve explicite de l'amande est qualifiée de "déïque", et c'est tout à fait légitime. Le nom latin féminin *Vēsīca, Vesica, vesicæ* se traduit par *vessie*, mais désigne également la vulve de la femme.

3 – La roue solaire / zodiacale

Traçons un cercle de diamètre 2 au centre du quadrillage de 4 par 4. Sa courbe croise la grille tous les 30° (un douzième d'angle plein) et ces points définissent une partition du cercle en 12 secteurs égaux.

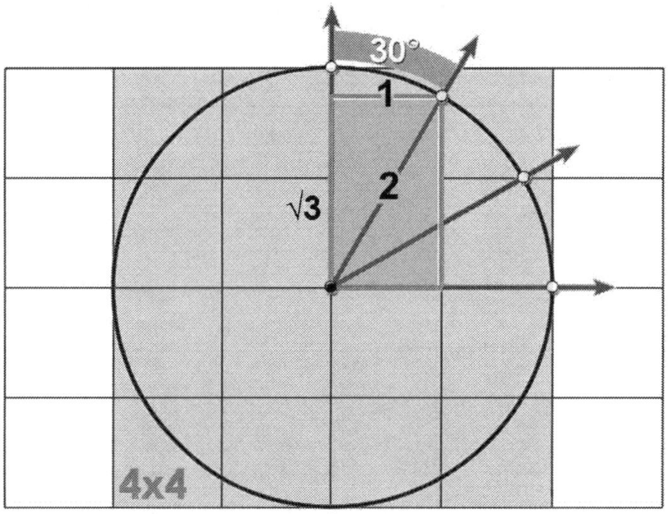

Fig. 13 : Le cercle de 4 sur un carré de 4x4

4 – L'hexagramme et la famille Δ

Cette logique est à l'origine du cadran horaire (jour), et de la roue du zodiaque (année).

Des relations subtiles apparaissent, associant angles et mesures. Par exemple : Un rectangle **de type** Δ (de proportion √3) en contient trois du même type. Nous y reviendrons.

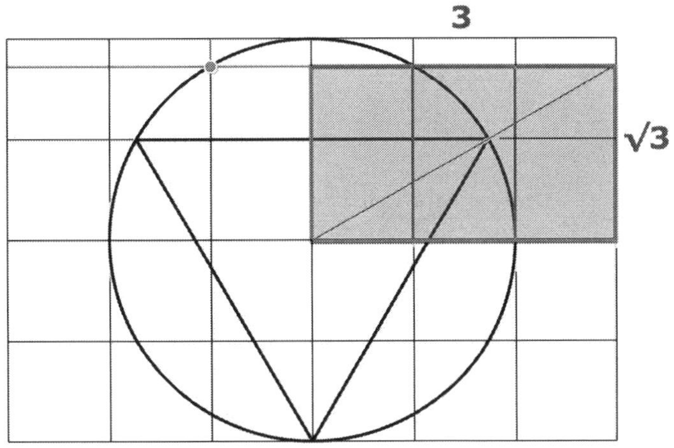

Fig.14 a : Le rectangle de type Δ

Le sceau de Salomon

C'est une des premières figures *à la corde*. Le centre de gravité des deux triangles Δ (de l'eau et du feu), et les centres de leurs cercles inscrits et circonscrits coïncident.

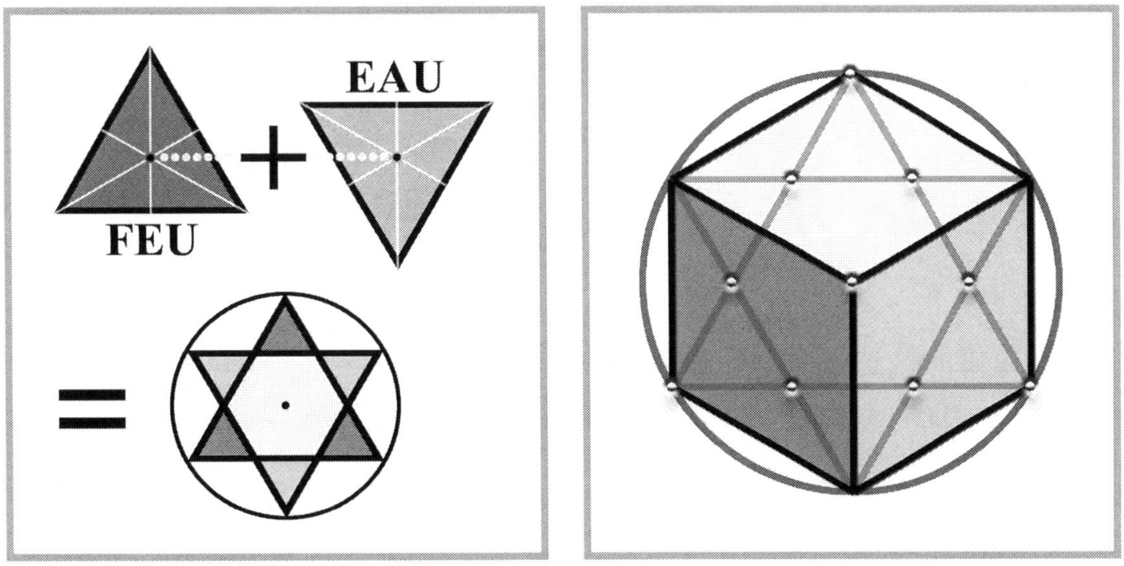

Fig. 14 b : L'hexagramme de Salomon et ses développements

L'étoile est marquée par le 6. Sans présumer du sens que lui donnaient les Égyptiens ou les Pythagoriciens, les « idées » qui se rattachent à ce nombre sont, selon ce qu'on appelle tradition, bien que récente : Amour, réunion, association, fidélité, équilibre - Éternel/cyclique, Soleil – surface du triangle sacré, et bien sûr hexagramme.

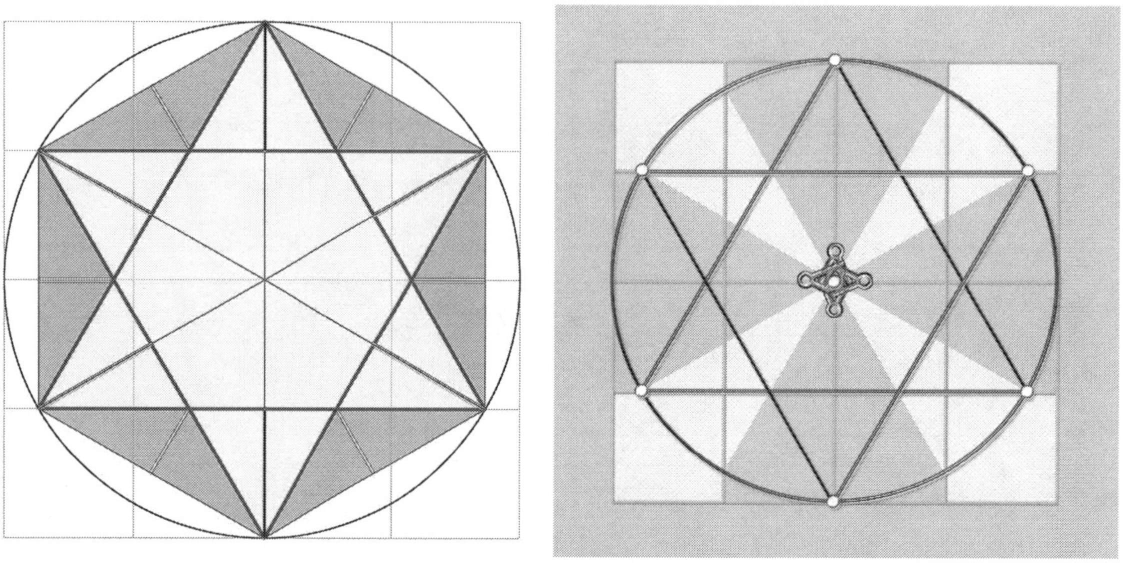

Fig. 14 c : Décompositions de l'hexagramme et de l'hexagone

La croix cerclée met en évidence les rapports entre la logique du trois et celle du quatre par le jeu du cercle.

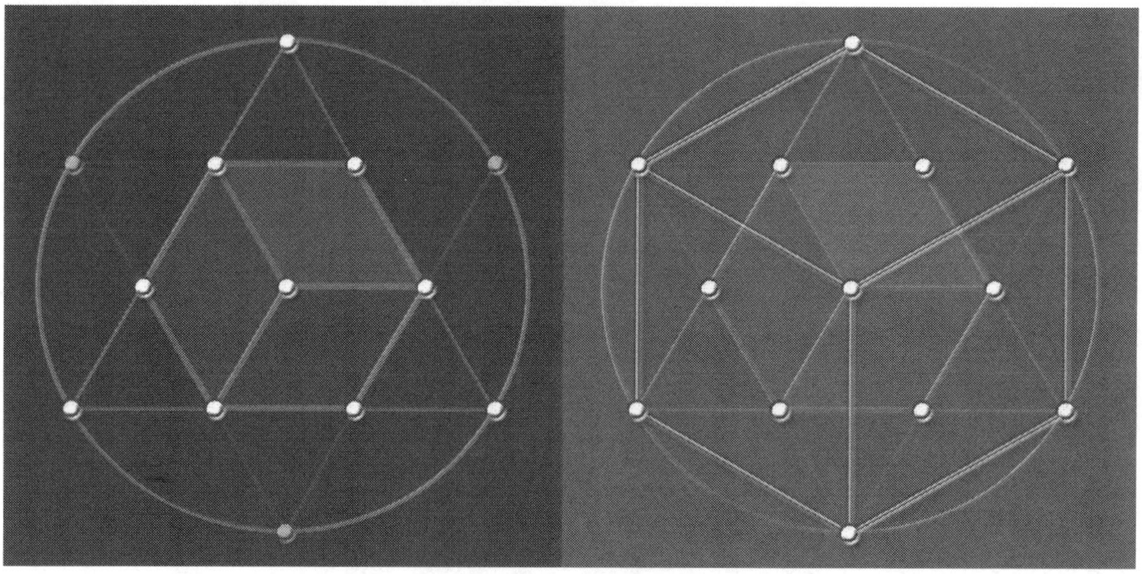

Fig. 14 d : Le Tetraktys et l'hexagramme

Le Tetraktys pythagoricien (ou Décade) était vénéré en tant que structure qui résume le monde. Toutes les dimensions de l'espace y sont représentées : 1 (point), 2 (ligne), 3 (surface) et 4 (solide).

Les Pythagoriciens ont ainsi fait de dix le plus parfait des nombres. Il porte en lui toutes leurs différences. « Toute raison, toute proportion, toute forme numérique sont contenues dans la décade. » (Porphyre, Vie de Pythagore, § 51-52).

Le cube est au coeur du Tétraktys, qui se construit deux fois, de haut en bas et de bas en haut. Au total la figure comporte 10 + 3 = 13 points, qui se rappellent du triangle 3-4-5 et de la corde à 13 noeuds.

L'hexagramme et la vesica piscis

La vesica piscis est très liée au triangle équilatéral, les figures font en fait partie d'une grande famille que l'on peut appeler Δ. Les liaisons trouvent différentes expressions.

Fig. 14 e : Le « diapason » de la grille Byzantine

Voici la figure directrice de la grille byzantine, dont Andreï Rublev s'est servi pour construire sa « Sainte Trinité ». Elle joue le rôle de *diapason* pour l'ensemble de l'oeuvre. L'hexagone interne de l'hexagramme prend la mesure de la vesica, dont l'amande mesure 2 en hauteur. Le cercle de la vesica mesure en conséquence $2/\sqrt{3}$ de rayon. Les amandes des vesica à 45° sont sur l'hexagramme.

N.B. : comme on pouvait s'y attendre, la grille byzantine n'est pas un quadrillage trivial, même gouverné par le nombre d'or...

5 – Le pentagramme et la vesica piscis

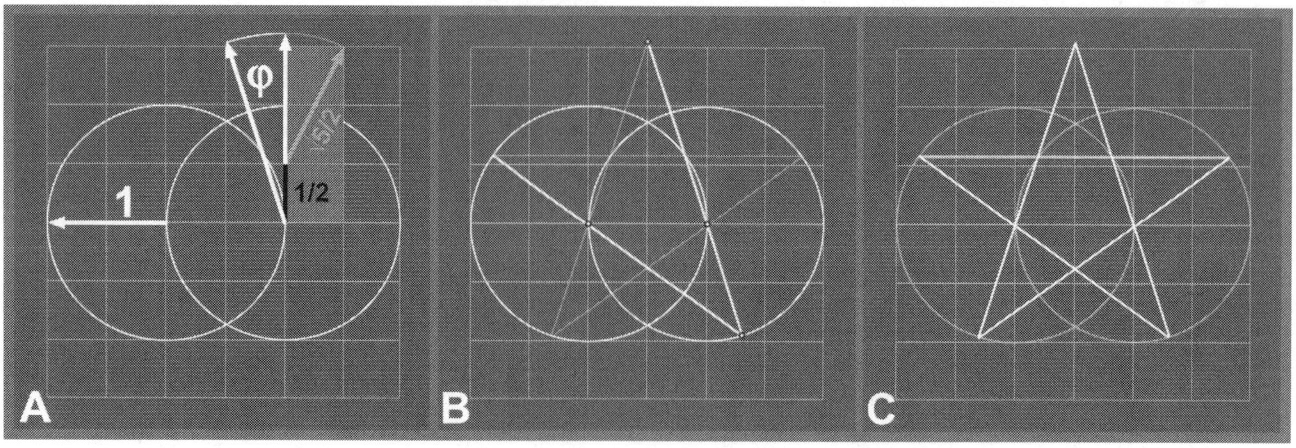

Fig. 15 : le quadrillage est ici doublé : un carreau vaut donc 1/2.

Le pentagramme est marqué par le nombre d'or. Pour qu'une relation symbolique se révèle, il faut trouver une coïncidence de figure. Ici elle se développe à partir du centre des cercles de la vesica.

A – On trouve le point sur l'axe central, tel que $\varphi = 1/2 + \sqrt{5}/2$

Cette somme se traduit par un carreau plus la diagonale d'un double carreau. L'on reporte alors ce total sur la verticale qui traverse l'amande en hauteur.

B – Il suffit maintenant de prolonger la barre de ce nombre d'or jusqu'au cercle pour obtenir la branche complète d'un pentagramme. L'addition de 1 unité par le cercle établit son centre comme point de croisement des branches (c'est le point de séparation selon la proportion dorée). Ensuite, à partir de la pointe du bas, l'on passe par le centre symétrique, à gauche, de la vesica.

C – Ces démonstrations n'utilisent que les axiomes des triangles semblables. Avec ce modeste matériel, nos lointains ancêtres sont parvenus à faire avouer tous ces secrets au pentagramme – ici en harmonie avec la Vesica Piscis.

N.B. : 8 des 10 points du pentagramme sont sur les cercles.

6 – Le Triangle Rectangle

Fig. 16 a – ***Avec les yeux*** – Tout triangle rectangle est un demi rectangle. Selon quoi, le milieu de son hypoténuse est le centre de son cercle circonscrit, là où se croisent les diagonales. La réciproque est également facile. À partir d'un segment devenant hypoténuse, tout point du cercle qui prend le segment pour diamètre (donc son milieu pour centre), est le point d'un angle droit avec les deux extrémités du segment. Il suffit de reconstituer le rectangle pour le voir.

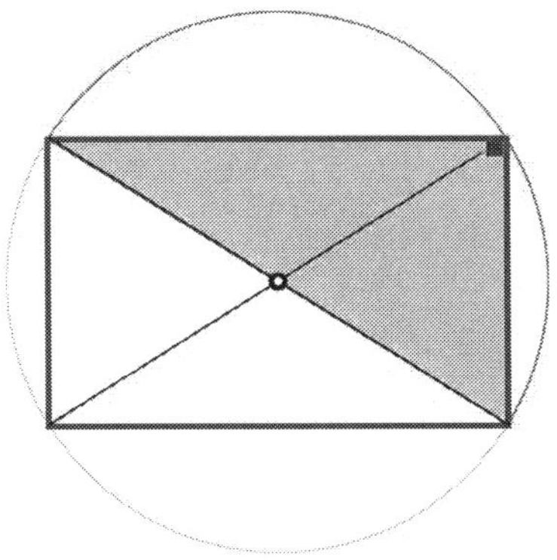

Fig. 16 ***a***

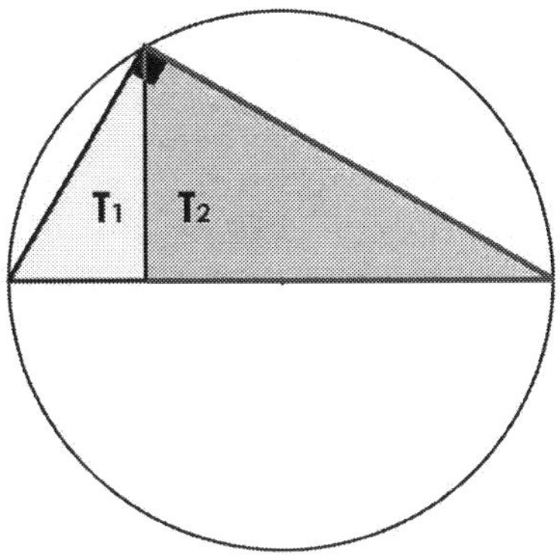

Fig. 16 ***b***

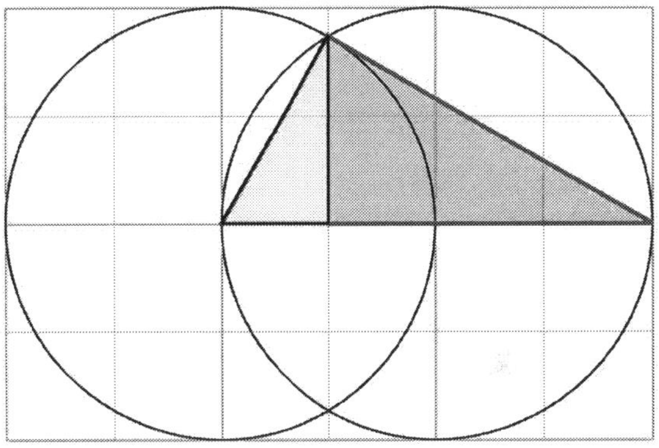

Fig. 16 ***c***

Fig. 16 b – ***Avec les yeux*** – L'étape suivante consiste à mettre l'hypoténuse à l'horizontale et à tracer la hauteur de l'angle droit. Les deux triangles séparés par la hauteur, T1 et T2, sont semblables. En effet, leurs trois côtés se retrouvent à angle droit, à commencer par l'hypoténuse (rotation d'un quart de tour). Ce simple constat va nous permettre de relier la Vesica Piscis au 3.

Fig. 16 c – ***Avec le calcul*** –
Le quadrillage est ici doublé pour faciliter la lecture de la figure.
Notons k la mesure de la hauteur
(moitié de la hauteur de l'amande).

Triangle gris clair : largeur 1 et hauteur k
Triangle gris foncé : hauteur k et longueur 3

Le triangle gris foncé a les mêmes proportions que le gris clair.

—> k/1 = 3/k Donc k.k = 3

D'autres lectures de la même figure sont possibles,
peut-être davantage dans l'esprit de la géométrie originelle.

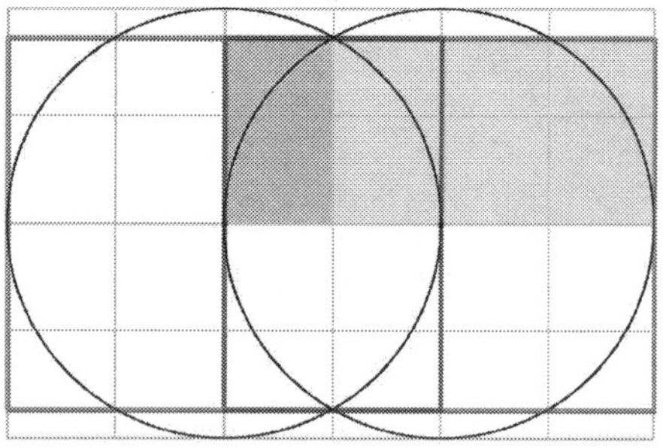

Fig. 17 **a**

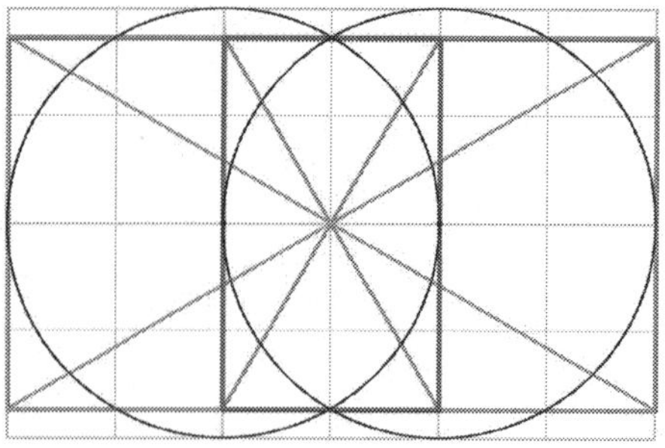

Fig. 17 **b**

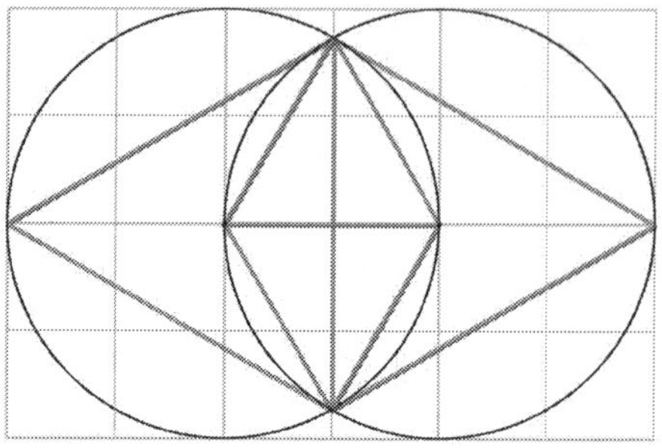

Fig. 17 **c**

S'appuyant sur le précédent visuel, on remarque des rectangles semblables représentant chacun le quart de leurs rectangles de référence. Ligne épaisse : celui de l'amande, et grande ligne : celui de la hauteur de l'amande sur la largeur totale des deux cercles réunis. N.B. : Le rapport de cette grande largeur avec la largeur de l'amande est de 3.

Dans les deux autres cas, les diagonales des deux rectangles constituent deux triangles équilatéraux. Parfaite expression du 3.

Fig. 17 c : Ces triangles équilatéraux peuvent être placés d'une autre façon pour constituer un losange. Nous avons vu par ailleurs que l'angle de l'hypoténuse du triangle T1 (à l'intérieur de l'amande) est aussi lié au 3 : c'est la partition en trois parts égales de l'angle droit.

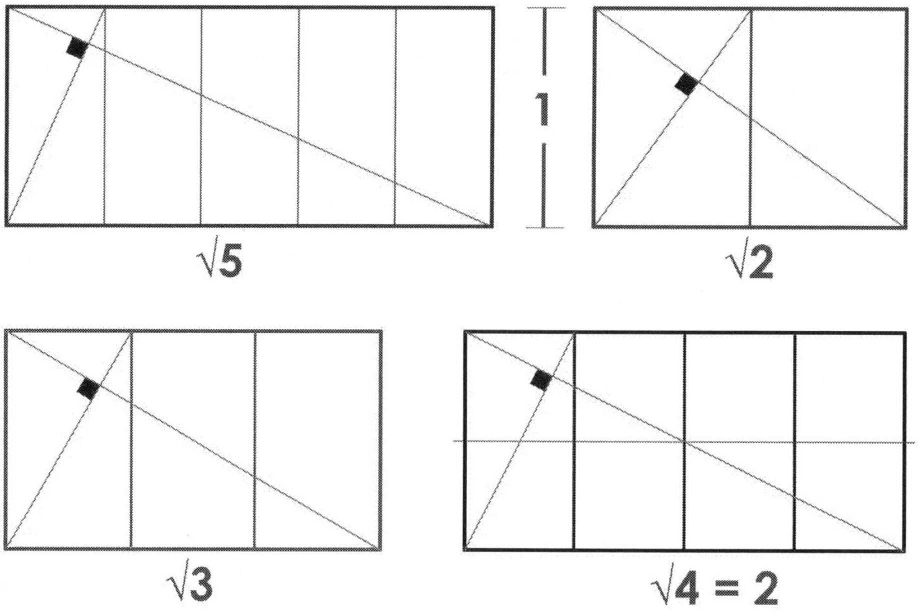

Fig. 18 : Les « racines d'entiers » comme proportions

Dans tout rectangle de proportion √N avec N entier,
il entre exactement N rectangles de même proportion.

III – LE TRIANGLE 3–4–5

Ce chapitre montre l'extraordinaire cohérence de la géométrie avec les yeux. En termes scientifiques actuels, les arguments logiques se limitent aux axiomes des triangles semblables – auxquels Thalès donnera son nom. En langage courant : l'évidence visuelle suffit à tout expliquer (donc à comprendre), et ce pour toutes les figures. Et pour cause : ces mathématiques se sont développées avant le calcul (et l'écriture). Raphaël Legoy propose de qualifier ces démarches de *monstrations*.

Un certain nombre de préjugés sont mis à mal par cet ensemble de preuves. Certes, les hommes du néolithique avaient l'esprit pratique. Pour autant ils méritent une égale considération sur le plan théorique. Le savoir géométrique que nous découvrons n'a pas le caractère empirique et approximatif dont il est couramment taxé. De façon générale, dès qu'ils se sont éveillés aux mathématiques, les hommes ont adopté un état d'esprit beaucoup plus proche du nôtre qu'on ne le soupçonnait : celui de la preuve, des propriétés remarquables, et de leur vue d'ensemble. Tout ce qui suscite l'admiration, l'intérêt, et invite à la méditation.

1 – Le triangle sacré

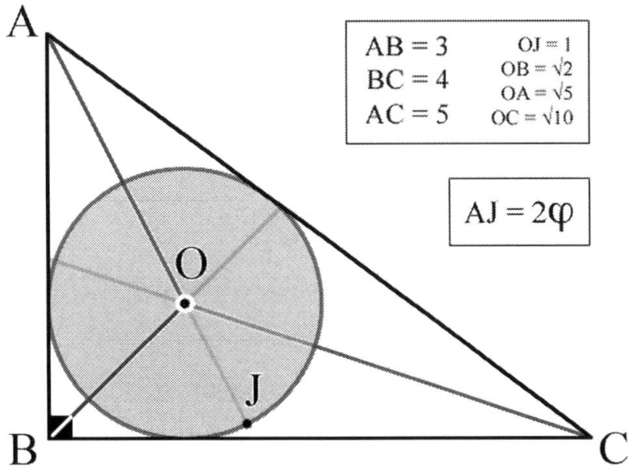

Fig. 20 : Le triangle 3-4-5

Le triangle 3-4-5, encore appelé triangle sacré, triangle égyptien, triangle d'Isis ou triangle de l'arpenteur, est la figure reine de la géométrie sacrée. Il porte en lui toutes les valeurs numériques de la symbolique : les entiers de 1 à 7 plus le nombre d'or (φ) et la racine de trois (√3). Il donne tout son sens au quadrillage, et à son unité.

Les principales monstrations qui vont suivre sont inédites. Certaines concernent des propriétés que l'histoire a oubliées (ou ignorées) pendant des siècles. C'est le cas de la proportion dorée du triangle, qui est restée cachée sur une de ses bissectrices. Quand l'auteur n'est pas précisé, les monstrations sont signées Yvo Jacquier.

2 – Les trois premières mesures

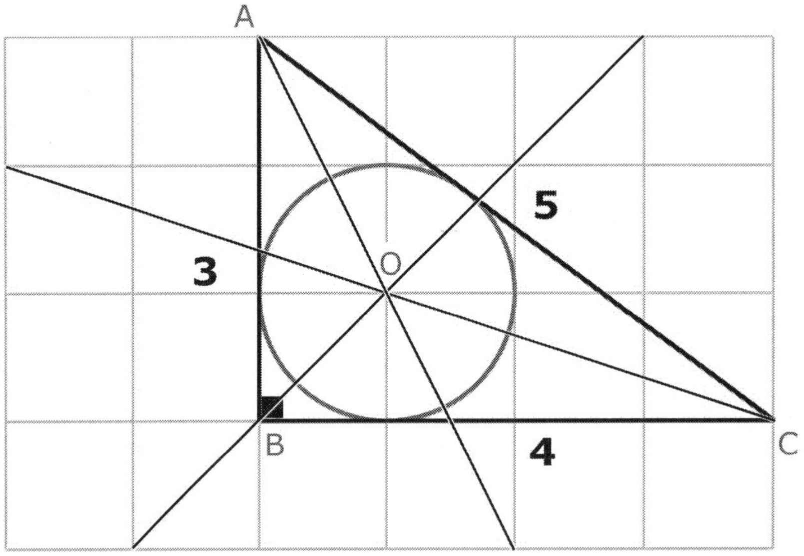

Fig. 21 : Les mensurations du triangle sacré

Les côtés d'un triangle rectangle qui forment l'angle droit sont appelés *cathètes* (n.f.), face à l'hypoténuse.

Les trois bissectrices sont les diagonales naturelles d'un simple, d'un double et d'un triple carré. La somme de ce premier nombre symbolique, appelé « ordre de la bissectrice », et de la longueur du côté que la bissectrice traverse est toujours 6, soit : 1 + 5, 2 + 4, et 3 + 3.

La longueur 5 du troisième coté, AC, semble axiomatique. Il aura fallu des années pour résoudre un point qui se révèle capital.

Selon que la longueur du 5 soit admise ou démontrée, la géométrie pré-euclidienne ne jouit pas du même statut, notamment face à celle que construiront les Grecs. Alors science ou bricolage ?

Première monstration

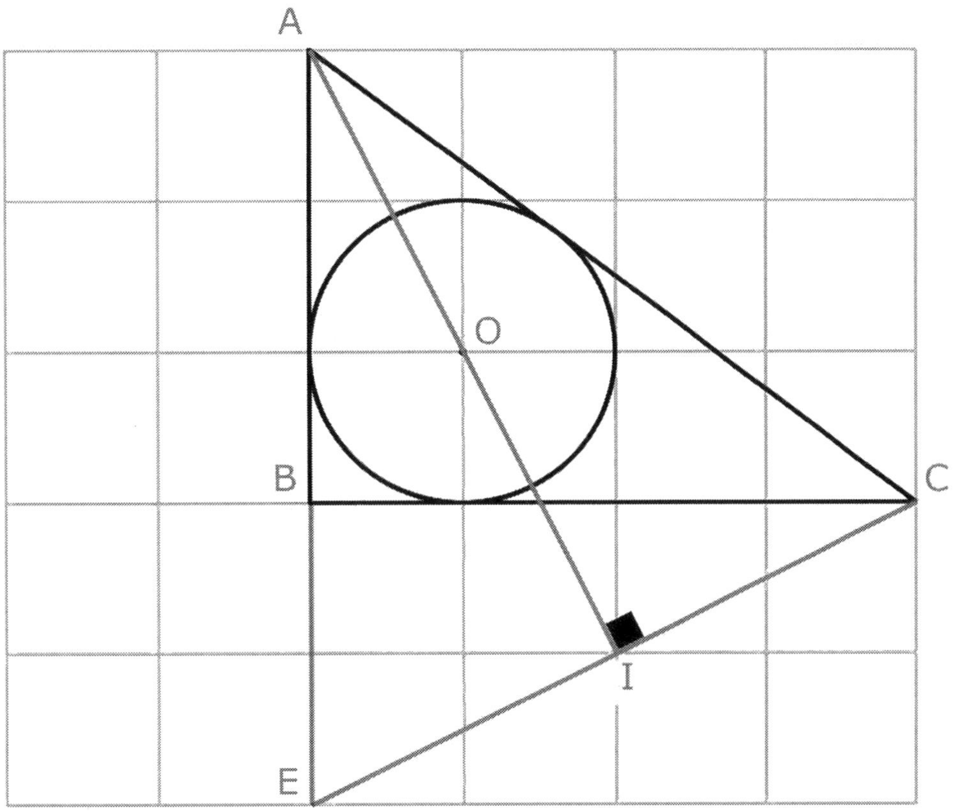

Fig. 22 : Les triangles symétriques de la monstration du « 5 »

Soit un triangle ABC, avec AB= 3 vertical, et BC= 4 horizontal.
Soit le point E, situé à deux carreaux sous le point B : AE = 5.

Selon le quadrillage, EI = IC = ∂
(avec ∂ diagonale du double-carré)

Or AI est orthogonal à EC
IC est une rotation à 90° de IO, selon la fig. 10 b)
Donc AIE et AIC sont symétriques.
Donc AE = AC = 5

Ce Qu'il Fallait Montrer

N.B. : Le cercle inscrit au triangle n'intervient pas dans cette monstration. Pourtant il y révèle ses mensurations. Ensuite, les six premiers entiers se retrouvent unis symboliquement par une seule et même figure, y compris le 6 de la surface du triangle.

D'autres monstrations établissent le 5 de l'hypoténuse, mais elles se servent d'une propriété du cercle inscrit au triangle : son rayon est égal à 1.

3 – Le cercle inscrit, *dit « intime »*

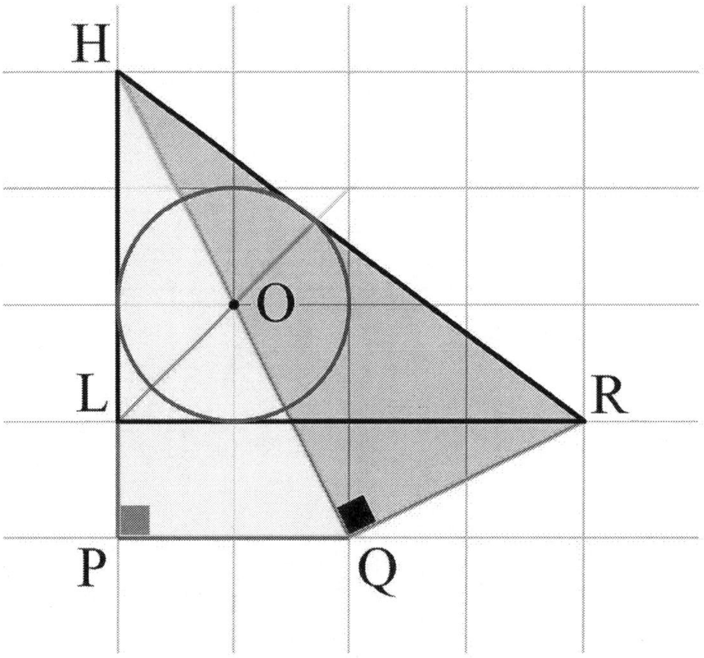

Fig. 23 : La monstration du cercle inscrit au triangle 3-4-5

Soit HLR, un triangle 3-4-5.
Soient les points P, Q, et O du quadrillage,
facilement identifiables sur la figure.
Les triangles HPQ et HQR sont semblables.
Selon quoi l'angle PHQ est égal à l'angle QHR.
O est donc sur la bissectrice de l'angle en H du triangle 3-4-5
Or, O est aussi sur la bissectrice de l'angle en L.
Le centre du cercle inscrit au triangle est donc
au croisement des trois bissectrices.
Deux suffisent, c'est donc O,
et le rayon du cercle est donc 1. *Ce Qu'il Fallait Montrer*

4 – Pinwheel tilings

Le coefficient qui différencie les triangles est HR/HQ = HQ/HP = QR/PQ = √5/2 ≈ 1,118. J'ai cru dans un premier temps que pour les Égyptiens, ce n'était pas une question.

Jean-Paul Mercier nous montre que s'ils n'identifiaient pas cette valeur irrationnelle (√5/2), les Égyptiens étaient parfaitement capables de repérer son carré : 5/4 !

Il suffit en effet de découper chacun des triangles de la figure précédente selon un “gabarit” connu sous le nom de triangle de Pinwheel (Charles Radin a ainsi défini une méthode de pavage apériodique, à partir d'une construction de John Conway). Pour les Égyptiens, c'est la moitié d'un double-carré. Selon ce subtil découpage, qui bouche ses trous avec leurs surfaces symétriques, le triangle HPQ contient 4 unités et HQR : 5 ...

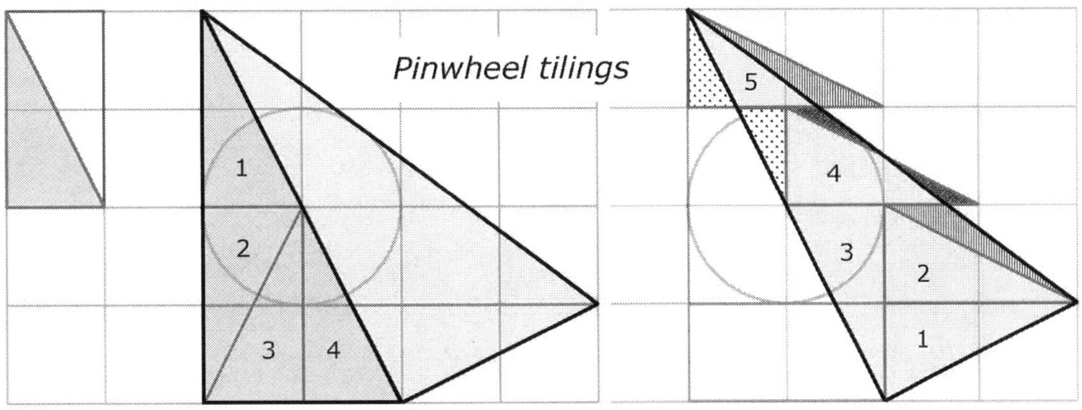

Fig. 24 : Le découpage de la surface selon les triangles de Pinwheel

5 – Autres monstrations du 5

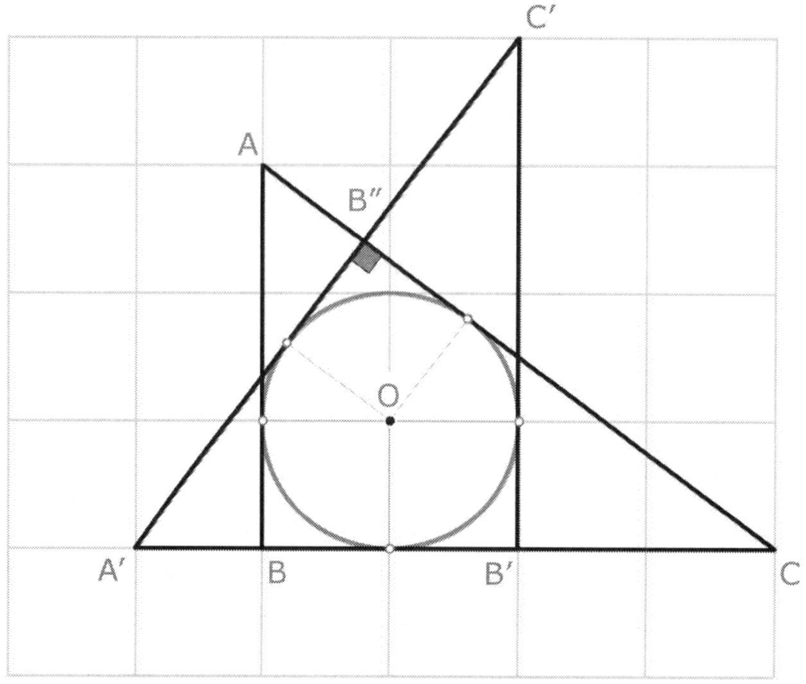

*Fig. 25 : Monstration de **Frédéric De Ligt***

Monstration 2 de l'hypoténuse

Soit le triangle ABC,
avec AB vertical = 3 et BC horizontal = 4
Soit O le centre du cercle inscrit au triangle
Soit le triangle A'B'C', rotation de ABC autour de O de 90° dans le sens inverse des aiguilles d'une montre.
Appelons B" le point où se croisent les hypoténuses des deux triangles. (90° c'est l'angle droit, entre les hypoténuses)
L'angle en B" de A'B"C est donc rectangle.

A'B"C emprunte un angle à ABC et un autre à A'B'C'
Les triangles ABC, A'B'C' et A'B"C' sont donc semblables.
Le cercle inscrit à A'B"C' est toujours le même.
Les trois triangles sont isométriques entre eux (mêmes dimensions).
Or, comme nous l'avons montré, le cercle inscrit a pour diamètre 2.
Donc :
L'hypoténuse de A'B"C', comme celle des deux autres,
mesure A'C = 1+ 2 + 2 = 5.

Ce Qu'il Fallait Montrer

Monstration 3 de l'hypoténuse

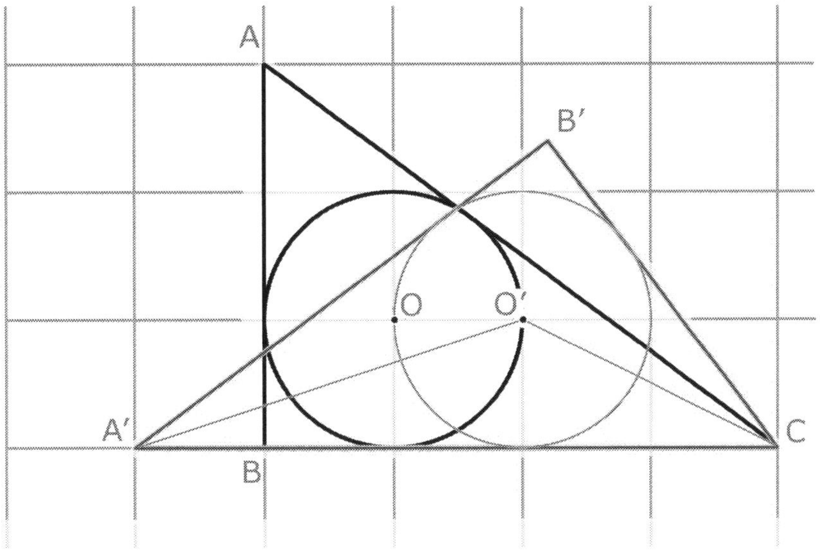

Fig. 26 : Monstration avec vesica piscis

Cette monstration nous permet de comprendre la fascination des Anciens pour la figure de la vesica piscis.

Soit le triangle ABC, avec
AB vertical = 3 et BC horizontal = 4.
Soit O le centre du cercle inscrit
Il a pour rayon 1 (propriété établie).
Soit le triangle A'B'C, construit sur la base A'C = 5, prenant le cercle jumeau de la vesica piscis pour cercle inscrit.

Le coté gauche A'B' se construit en doublant l'angle de la diagonale du triple carré qui passe au centre O'.
De même, le côté droit CB' se construit en doublant l'angle de la diagonale du double carré qui passe par O'.
Les deux triangles ont les deux mêmes angles aigus
=> Ils sont donc semblables
Ensuite la taille de leur cercle inscrit est la même
=> Ils sont donc égaux.
Les petits côtés du triangle A'B'C font 3 et 4 et surtout :
le grand côté du triangle noir fait 5.

Ce Qu'il Fallait Montrer

IV – LE NOMBRE D'OR

1 - Les différentes approches du nombre d'or

L'origine et les appellations du Nombre d'Or

Le terme de Nombre d'Or doit son nom au sculpteur Phidias, figure majeure du classicisme de la Grèce Antique. En 460 av. J.-C., son mécène et ami Périclès lui confie les travaux de l'Acropole (notamment du Parthénon). Sa maîtrise des proportions surprend les habitants d'Athènes. Sa statue d'Athéna leur paraît bien maladroite à même le sol. Mais une fois juchée sur son socle, elle devient soudain divine à leurs yeux. À la fin de sa vie, le parrain du Nombre d'Or est victime de mauvais procès et ses contemporains jaloux le forcent à l'exil, à Olympie.

Au XXème Siècle, dans les années 10, le critique et escrimeur britannique Theodore Andrea Cook (1867-1928) s'accorde avec son ami mathématicien américain Mark Barr pour introduire la notation de φ (la lettre grecque Phi), comme symbole mathématique du Nombre d'Or, ce en référence au grand Phidias. Le double argument de la consonance de la lettre φ avec celle de π, autant qu'avec le nom du sculpteur rendu célèbre pour sa maîtrise de la proportion dorée, est rapporté par Cook dans son livre « Les courbes de la vie »*. Il y fait le compte des formations en forme de spirale et expose leur implication dans la croissance de la Nature, dans la Science, et dans l'Art. Cook se réfère tout particulièrement aux travaux de Léonard de Vinci. (*) *Cook, Theodore Andrea, The Curves of Life (1914), Courier Dover Publications*

Le nombre d'or est l'objet de nombreuses appellations, selon l'époque et les gens :

1 - Nombre scandaleux car irrationnel — selon Platon
2 - Proportion d'extrême et moyenne raison — selon Euclide
3 - Proportion d'Euclide — selon Fibonacci
4 - Section dorée — sectio aurea, selon Vinci
5 - Divine proportion — selon Pacioli
6 - Section dorée — der goldene Schnitt, selon Zeising

7 - Nombre d'Or fixé par Ghyka
8 - Phi (φ - expression mathématique) selon Theodore Cook
9 - Proportion dorée autre usage courant
En anglais : Golden ratio (Proportion dorée)
En tchèque : Zlaty rez (Section dorée)

L'approche contemporaine du nombre d'or

Le nombre d'or est présenté aujourd'hui comme la solution positive de l'équation : $\varphi^2 = \varphi + 1$ où $\varphi = (1+\sqrt{5})/2 \approx 1{,}618\ 033\ 988\ 7\ldots$

φ est un nombre irrationnel (il ne correspond à aucune fraction d'entiers). En revanche, il n'est pas transcendant (comme π). Concrètement, il est accessible à la règle et au compas.

Ce nombre est l'objet de beaucoup de spéculations. Dans le domaine des mathématiques, ses développements les plus récents passent par le calcul, comme en témoigne cette équation empruntée à Wikipedia [Fig. 27]

$$\varphi = \sqrt{1+\varphi} = \sqrt{1+\sqrt{1+\varphi}} \quad \text{et} \quad \varphi = \sqrt{1+\sqrt{1+\sqrt{1+\sqrt{1+\cdots}}}}.$$

Ces développements confirment la puissance dont le nombre d'or est capable. En revanche, ils ne traduisent pas son origine purement géométrique, telle que nous allons la découvrir. Ensuite, le principal inconvénient, en termes de conséquences, de ces développements tient à la leçon que l'on en tire maladroitement : le nombre d'or est conçu avant tout comme une proportion, une sorte de règle de multiplication qui produirait de la beauté en se répétant. Ce n'était pas le projet des mathématiciens, par exemple de Fibonacci... *Et il se suffit pas d'enfermer un objet (voire une idée) dans un rectangle d'or pour qu'il se change en or.* Le principe des “canons”, si prisé par l'histoire de l'art, n'est pas dans l'esprit des Anciens, ces hommes de savoir (notamment les artistes et les architectes). Ces erreurs ne rendent notamment pas compte du niveau de la géométrie développée par les artistes et les architectes à travers les millénaires (la Renaissance sera l'apothéose de cette immense culture).

La troisième loi de Kepler

Cette sorte de mutation de φ, depuis son statut néolithique initial, juste selon les yeux, jusqu'à la conception « moderne » du nombre, s'est faite par étapes. Kepler lui-même s'est servi de φ pour progresser dans ses recherches !

VENUS

$$T = \frac{1}{\varphi} = \varphi - 1$$

$$T^2 = D^3 = \frac{1}{\varphi^2}$$

Fig. 28 : Relations dorées entre période et distance de Vénus

Comme l'explique Christophe de Cène dans son article « Kepler, d'un savoir ancien à la physique moderne », Kepler a la révélation de sa troisième loi face à une équation qui associe la période T et la distance D de la planète Vénus au nombre φ.

Cette loi, chronologiquement la première, marque la naissance de la science. L'équation « $T^2 = D^3$ » se généralisera à toutes les planètes du système solaire.

Le nombre d'or chez les Grecs anciens

Les Grecs sont avant tout des géomètres. Il serait en conséquence injuste de leur attribuer la conception erronée que nous avons aujourd'hui du nombre d'or. Pour preuve la proposition 11 du Livre II des Éléments d'Euclide, que nous rappelle Jean-Paul Guichard.

Pour Euclide, il s'agit de partager un segment en deux segments de façon que la proportion du plus grand au plus petit soit égale à celle du segment entier au plus grand. N.B. : Cette proportion (en moyenne et extrême raison) est ce que nous appelons le Nombre d'Or.

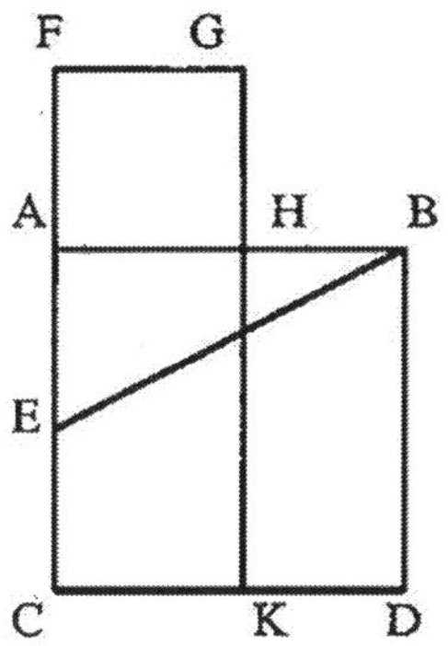

Fig. 29 : La figure d'Euclide

- Le segment à partager AB (AB = 1)
- H le point tel que AH/HB = AB/AH (= φ)

avec sa construction du point H :

- ABCD carré construit sur AB
- E milieu de AC (AE = EC = ½)
- EF = EB (= √5/2, et CF = ½ + √5/2 = φ)
- AH = AF (= φ - 1)
- AFGH est un carré

Puis Euclide démontre que :

- aire de FGHA = aire de HBDK

$[(\varphi - 1)^2 = (2 - \varphi)\times 1$ d'où $\varphi^2 = \varphi + 1]$

ou $AH^2 = HB\times AB$ soit AH/HB = AB/AH (= φ).

Remarque subsidiaire : l'on peut compléter le rectangle doré FRDC

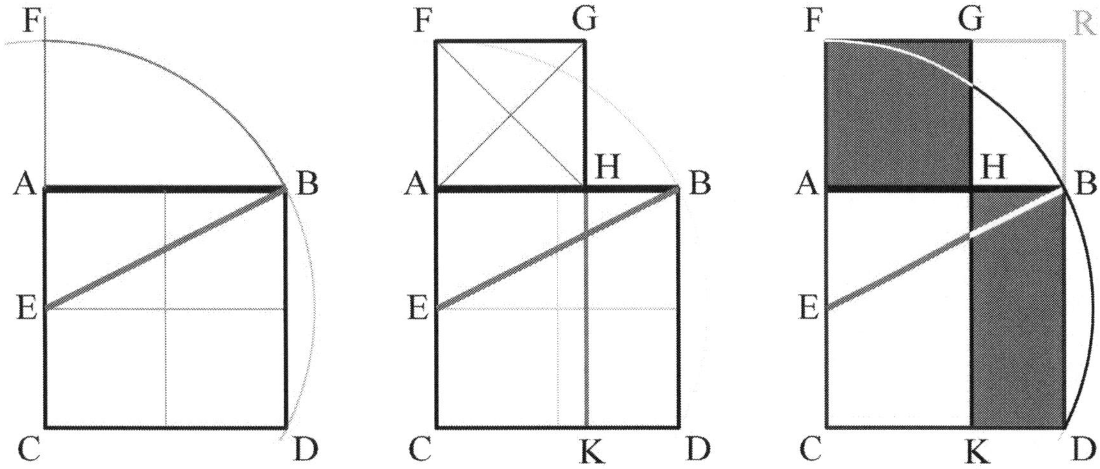

Fig. 30 : Décomposition de la démonstration d'Euclide

Dans la résolution de ce problème, Euclide anticipe les suivants. En fait, il y a identité du petit carré FGHA et du résidu HBKD, issu du retrait d'un rectangle doré AHKC au grand carré ABDC. Didactique !

Le nombre d'or et la proportion Δ (√3) pour les Égyptiens

La géométrie égyptienne est l'exemple parfait de l'accomplissement de la géométrie avec les yeux, construite sur un quadrillage sans calculs, sans équations et sans écriture. Pour autant les Égyptiens ne sont pas les seuls dans cette pratique. Il faut citer le courant mésopotamien (sumérien puis babylonien); il partage vraisemblablement la même origine, mégalithique. Et puis d'autres plus lointains, en Inde et en Chine.

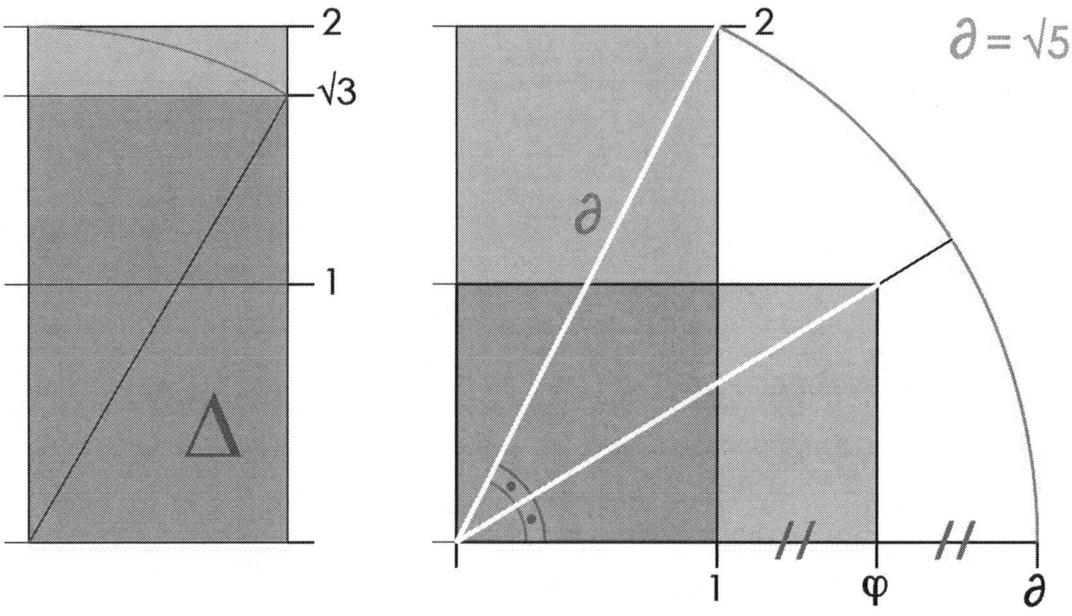

Fig. 31 : La proportion de type Δ (√3) et du Nombre d'or (φ)

À gauche : La racine de trois s'obtient en rabattant le 2 du double-carré qui devient diagonale d'un rectangle qualifié de type Δ.

On construit en effet un triangle rectangle de mesure 1 et √3, avec 2 pour hypoténuse. Et c'est la moitié d'un triangle équilatéral (d'où Δ).

À droite : Le nombre d'or s'obtient en coupant en deux l'angle de la diagonale d'un double-carré. La bissectrice croise l'horizontale du premier carré à la distance φ. C'est aussi la moyenne de 1 et de ∂, diagonale du double-carré (=√5).

Ces deux nombres naissent d'un même double-carré par un jeu de diagonales. Cette origine commune est le signe d'une parenté que la √3 confirme, tout aussi visuellement, grâce au carré.

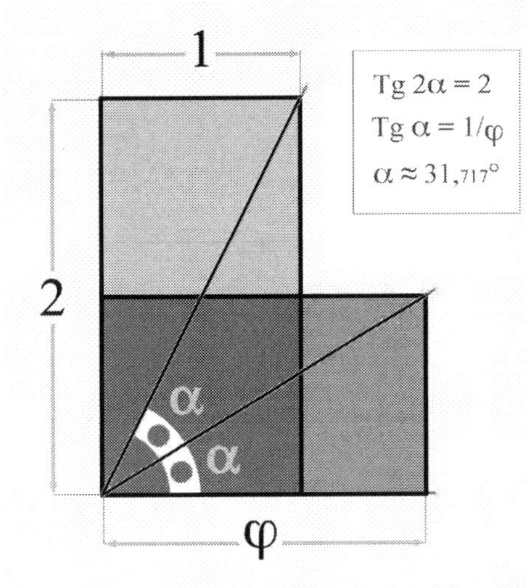

Fig. 32 : Le nombre d'or avec les yeux

Ce visuel montre la plus simple définition du nombre d'or. *Le grand angle de la diagonale d'un double carré mesure deux fois le petit angle de la diagonale d'un rectangle doré.*

La première attitude face à cette particularité du nombre d'or fut d'en faire une propriété. À l'inverse, la plus connue des propriétés géométriques du nombre d'or avait été choisie pour définition : *Dans un rectangle doré, le retrait d'un carré inscrit produit un résidu de même proportion.*

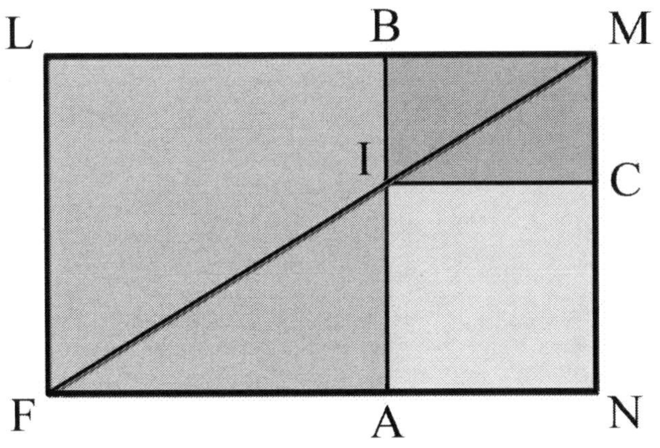

Fig. 33 : Autre propriété de la proportion dorée

Cette autre définition est également très simple, et l'on peut la comprendre comme suit : Le rectangle LMNF est doré si le retrait du carré LBAF produit un second rectangle doré BMNA. Celui-ci à son tour, par retrait d'un carré ICNA produit un troisième rectangle doré IBMC. La diagonale du grand rectangle doré est aussi celle du plus petit, et son point I est située sur cette diagonale.

L'on peut passer d'une définition à l'autre, la seconde devient alors une propriété, une conséquence de la première. Cependant plusieurs considérations inclinent à penser que la première définition fut celle des angles. D'une part leur pratique et leur maîtrise a logiquement précédé l'exercice des proportions, qui sont un premier pas vers le calcul. Ensuite, la définition des proportions ne permet pas la construction directe de φ.

2 – Monstrations “à l'égyptienne” du nombre d'or

Le triangle de pinwheel

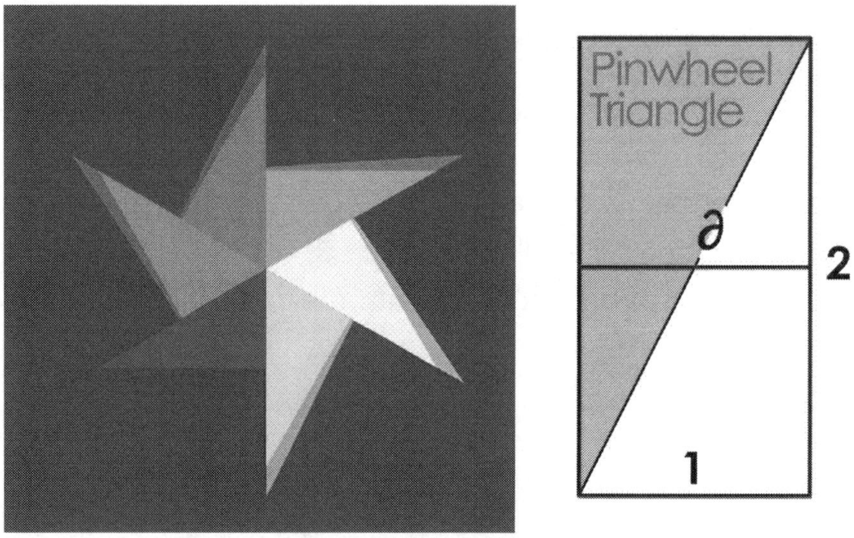

Fig. 34 : Le triangle de pinwheel, moitié d'un double carré

Cette forme sera utile : le triangle de pinwheel (ce terme anglais se traduit par « roue qui tourne », les enfants jouent avec dans le vent). C'est la moitié d'un double-carré. Nous noterons ∂ la longueur de la diagonale, puisque sa mesure $\sqrt{5}$ n'est ni utile, ni même révélée.

Le quadrillage comme échelle

Nous choisissons à dessein un quadrillage de deux carreaux pour carré initial.

D'une part, pour permettre d'utiliser simplement le triangle de pinwheel dans les monstrations. Ensuite nous rencontrerons un rectangle doré avec ce côté dans le triangle 3-4-5.

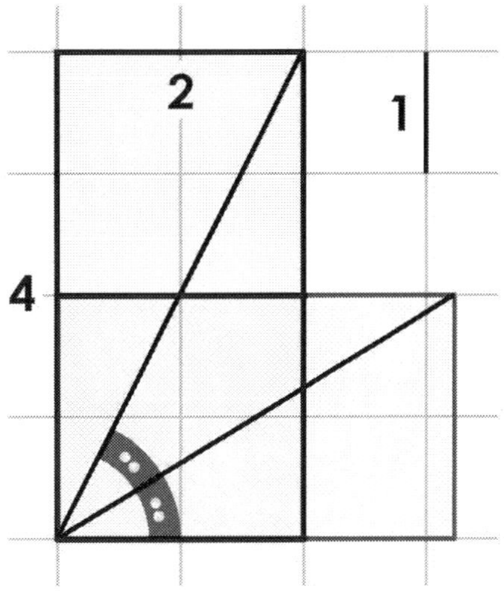

Fig. 35 : Le rectangle doré sur son quadrillage idéal

C'est avec cette échelle que nous allons étudier le rectangle doré. Reprenons cette figure, adoptée comme définition. Nous allons en déduire les mensurations de son rectangle doré et la propriété des proportions que nous avons énoncée.

Premier cerf-volant - Les mensurations du rectangle doré

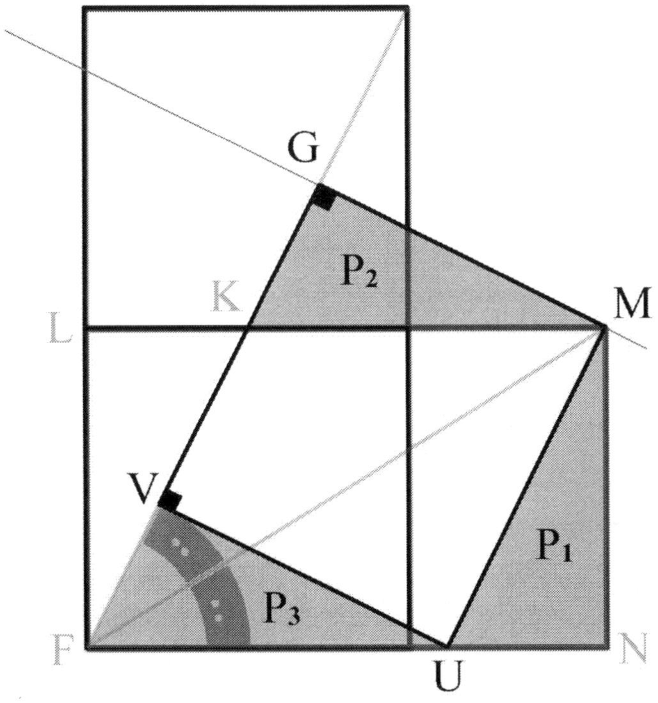

Fig. 36 : Apparition des triangles de pinwheel

— Construisons P_1, premier triangle de pinwheel, en nous appuyant sur MN (de mesure 2) pour trouver le point U.

— Traçons la perpendiculaire à la diagonale de ce double-carré passant par M, et trouvons le point G sur cette ligne, tel que GF soit orthogonal à GM.

— De même en U, traçons la perpendiculaire à l'hypoténuse de P_1, qui trouve le point V sur la ligne VF.

— GMVF est un rectangle par construction.

— Appelons KGM : P_2 et FVU : P_3.

LMN et GMU sont rectangles en M,
donc l'angle en M de P_1 et P_2 est le même.
De plus tous deux ont un angle droit,
leur troisième angle est donc égal.
P_1 et P_2 sont semblables

De même, leurs trois côtés étant parallèles, les triangles P_2 et P_3 sont semblables. Mais en plus, dans ce cas, P_2 étant la translation de P_3, P_2 et P_3 sont isométriques.

F, V, K et G semblent sur la diagonale du grand double carré.
En effet, par construction ils sont sur la même ligne.
Ensuite P3 est semblable à P_1 et P_2, avec P_1 triangle de pinwheel.
L'angle en F de P_3 est son angle moyen (entre cathètes) : celui de la diagonale d'un double carré.
F, V, K et G sont donc sur la diagonale du grand double carré.

Ensuite, selon la définition égyptienne du nombre d'or,
FM est aussi la bissectrice de l'angle en F de GFN.
Les triangles FGM et FNM ont un angle droit.
Le troisième est donc égal, et ils sont semblables.
L'hypoténuse de ces triangles est la même : FM.
FGM et FNM sont donc parfaitement symétriques.
Donc GM = VU = MN = 2
(P_1, P_2 et P_3 sont trois triangles de pinwheel)
FV = KG = UN = 1, et surtout KM = FU = UM = ∂
La grande mensuration du rectangle doré est donc
FN = FU + UN = ∂ +1.

Ce Qu'il Fallait Montrer

Remarque : FLK est aussi un triangle de pinwheel.

Second cerf-volant - Une propriété connue

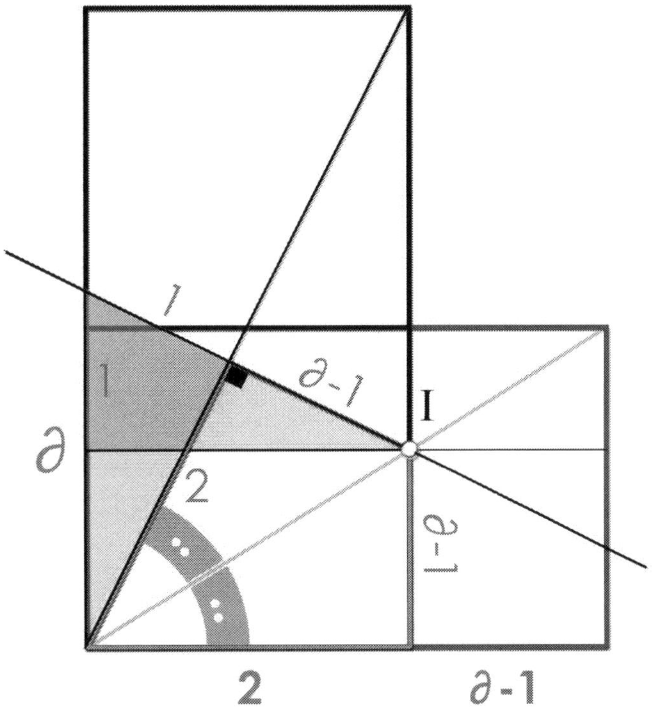

Fig. 37 : Comment se passer du calcul en comptant sur la géométrie

Cette monstration doit établir une propriété qui sert souvent de définition géométrique au nombre d'or. Cependant cette proposition ne permet pas de construire la proportion dorée, au contraire de la définition par les angles : *Dans un rectangle doré, le retrait d'un carré inscrit produit un résidu de même proportion.*

Croisons deux triangles de pinwheel comme indiqué sur ce visuel. Le premier part d'en bas à gauche et place son hypoténuse sur le bord. Le deuxième prolonge le côté 1 du premier et récupère l'horizontale au point I. Ces triangles vont nous permettre de tout mesurer.

Un deuxième cerf-volant se profile, avec ses deux triangles de part et d'autre de la ligne FI. Il suffit de reporter les mensurations des triangles de pinwheel pour trouver celles de ce cerf-volant, dont les triangles sont symétriques de part et d'autre de FI.

La grande mensuration du grand rectangle doré est ∂ +1.

Comptons : ∂ +1 -2 = ∂ -1.

Donc I est le coin d'un carré de côté ∂ -1 sur sa droite.

L'angle du cerf-volant en F est la partie complémentaire de la pointe du triangle de pinwheel pour faire l'angle droit. C'est donc le grand angle de la diagonale du double carré. I est sur la bissectrice de cet angle en F, il est donc selon la définition “avec les yeux” sur la diagonale du grand rectangle doré.

Le retrait d'un carré (côté 2) au grand rectangle doré, laisse un premier rectangle résiduel vertical (sur la droite) de largeur ∂ -1. La même opération, de retrait d'un carré cette fois de côté ∂ -1, produit un rectangle qui a la même diagonale que le grand rectangle doré. Ce grand rectangle et le plus petit sont donc semblables, c'est à dire dorés.

Maintenant, comment montrer que le premier rectangle résiduel est lui aussi doré ? Jean-Paul Guichard propose la solution la plus simple. Il suffit d'appliquer une rotation à ce rectangle : que son carré inscrit pivote d'un quart de tour...

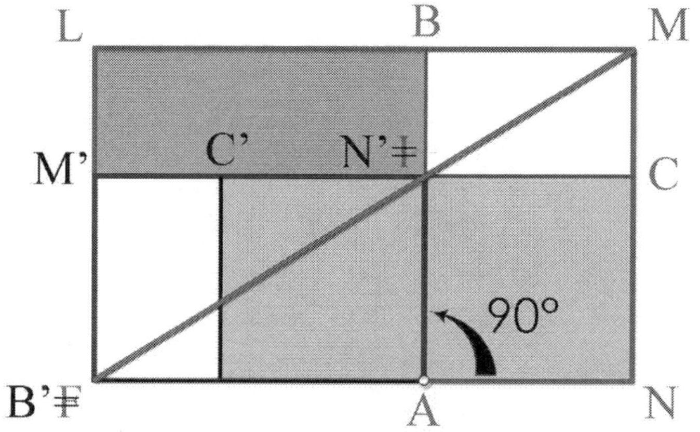

Fig. 38 : Rotation du rectangle autour du point A

Rappel : LBAF est un carré de côté 2.

Le rectangle ABMN tourne de 90° autour de A. Ses dimensions sont au départ hauteur : 2 et largeur : ∂ -1. Le rectangle obtenu est AN'M'B' avec N'= N et B'=F.

B'N' n'est autre que FI, diagonale dorée. Le rectangle AN'M'B' est donc doré. (argument du chapitre III-6).

Ce Qu'il Fallait Montrer

Corrélats

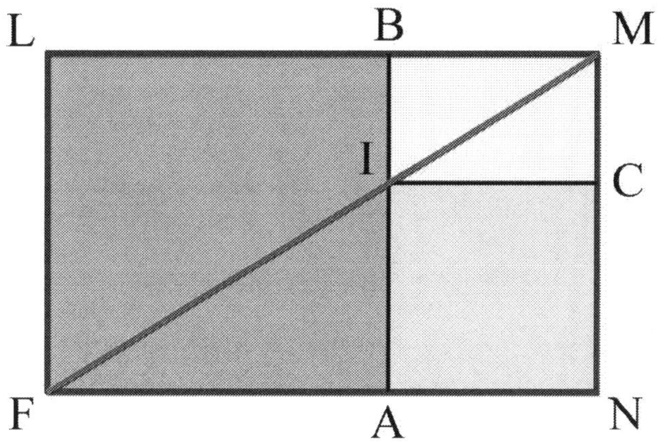

Fig. 39 : La propriété la plus connue du nombre d'or

Nous retrouvons la présentation classique du rectangle doré, où le retrait d'un carré inscrit produit un résidu de même proportion. ABMN, obtenu par retrait du carré ABLF, est semblable à LMFM.

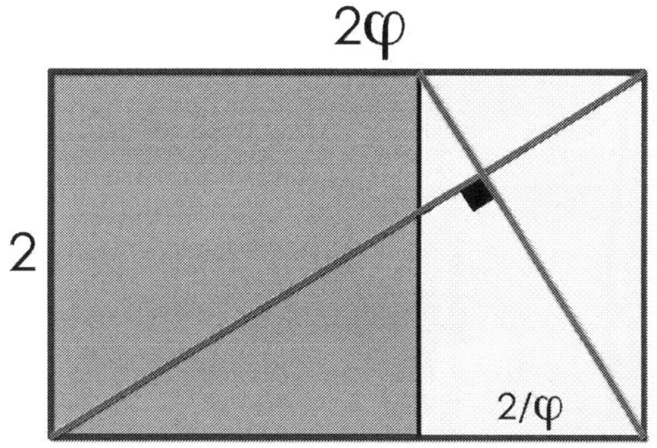

Fig. 40 : Orthogonalité des diagonales des rectangles

Corrélat de cette propriété : *les diagonales d'un rectangle doré et de son rectangle résiduel forment angle droit.*

Les deux rectangles sont de même proportion, donc ils partagent le même type de diagonale. Leur orientation faisant un angle de 90°, les diagonales aussi.

3 – Autre propriété remarquable du rectangle doré

Simplification de la construction

Un simple cercle tracé à partir du centre d'un double carré, passant par les quatre angles du double carré, permet de trouver facilement la mesure de φ, et de mettre en évidence une propriété remarquable de ses diagonales.

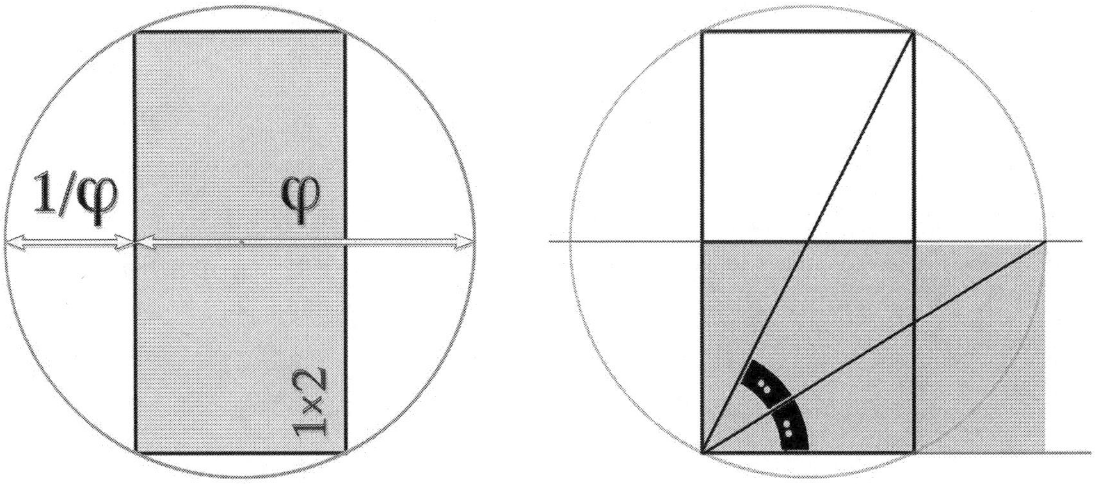

Fig. 41 : Tracé le plus simple du nombre d'or

Le premier rectangle doré que nous avons construit mesurait ∂ +1 sur un quadrillage double. Le rectangle doré de hauteur 1 mesure en conséquence (∂ +1)/2, soit la moitié de l'hypoténuse d'un triangle de pinwheel plus 1/2 carreau. C'est le cas de la mesure indiquée sur la figure de gauche.

La construction d'Albrecht Dürer (1471-1528)

Cette construction montre une particularité des diagonales d'un rectangle doré (nous démontrerons cette propriété par la suite) : *Quand une diagonale dorée est à l'horizontale, l'autre devient celle d'un double-carré.*

Cela revient à dire que : *le petit angle (aigu) que font les diagonales d'un rectangle doré, en son centre, est égal au grand angle de la diagonale d'un double carré.*

Albrecht Dürer utilise ce principe dans la construction de sa célèbre gravure « Melencolia § I », 1514.

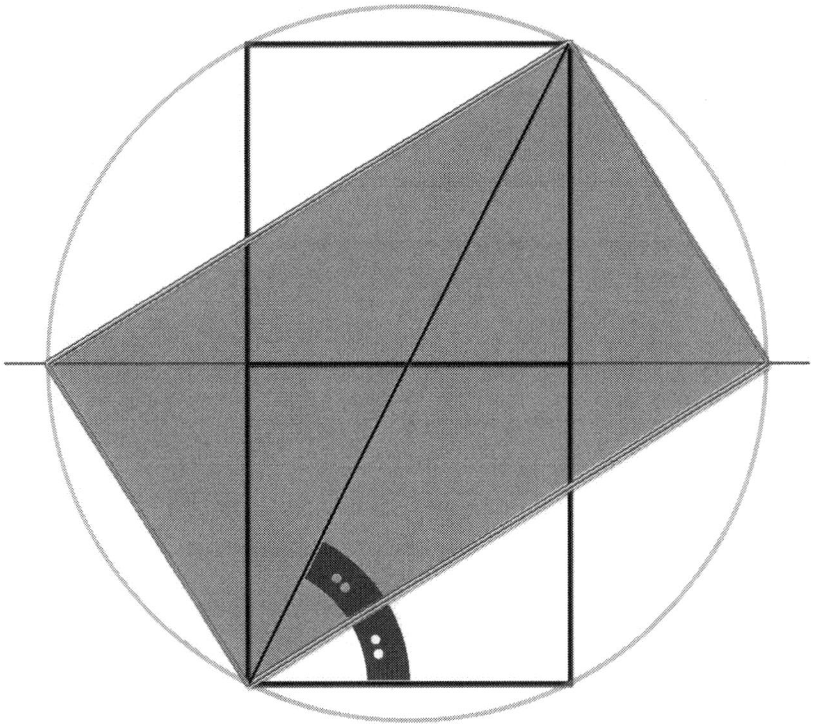

Fig. 42 : La figure d'Albrecht Dürer

Albrecht Dürer (1472-1528) mérite un réel hommage. Sans sa pédagogie, il ne m'aurait pas été possible de reconstituer cet ensemble. L'artiste de Nürnberg a conçu ce que j'ai appelé le « Projet Didactique de Dürer », dispositif par lequel il nous explique étape par étape le fonctionnement du langage de l'image. Depuis les associations des sujet à la façon d'un puzzle jusqu'aux structures géométriques les plus sophistiquées. Ce dispositif comprend un jeu de tarot, connu sous le nom de « Tarots de Marseille » dans sa meilleure version (Nicolas Conver), et quatre gravures d'un format inhabituel rassemblées sous le terme générique de Meisterstiche. L'oeuvre la plus célèbre de son époque, Renaissance, est l'une d'entre elles : la mythique « MELENCOLIA § I », gravée en 1514. Les 22 arcanes majeurs des tarots sont composés sur le même quadrillage que Melencolia. Cette compatibilité physique permet de placer les cartes sur la gravure, de telle sorte que leurs symboles s'associent parfaitement. Les artistes de la Renaissance avaient besoin d'un graveur pour garantir la pérennité de leur testament. (voir XI, 6)

V – EXPRESSIONS DORÉES DU TRIANGLE 3–4–5

1 – La consécration des angles

La géométrie avec les yeux se pense avec les angles plutôt que le calcul, avec les triangles semblables plutôt que le théorème de Pythagore. Le corpus que nous reconstituons se passe du concept d'aire autant que de l'écriture, et le « calcul » se borne à compter les distances.

Très longtemps, j'ai cru que les peuples qui avaient conçu cette géométrie – particulièrement les Égyptiens et les Mésopotamiens, appréciaient les angles avec un oeil d'archer, selon les directions. Les lignes traversent l'air sans obstacle quand la mesure est sujette à nombre de paramètres. J'avais tort, et de nombreux éléments historiques le prouvent. Je pensais que mon expérience de manuel était plus proche d'une origine (totalement fantasmée) que mon éducation scolaire. Or la main est aussi cultivée et contemporaine que l'esprit qui la guide.

Dans les anciennes civilisations, de l'Inde à l'Égypte, les références à la corde prennent un aspect rituel et religieux. Le tendeur de corde védique (*sulbaka*) comme l'*harpédonapte* égyptien déploient un savoir dont les origines se confondent avec celles de l'architecture – aspect majeur de la néolithisation. À l'autre bout du temps, la Renaissance, les images des tarots rendent hommage à la corde : notamment dans la figure du Pendu, la XIIe lame, symbole d'initiation et d'étude. Il faut se rendre de bonne grâce à l'évidence : les angles du quadrillage se traduisent sur le terrain avec une logique de quadrillage, selon la mesure.

Les concepts de surface et de volume sont utiles à la réalisation pratique d'un édifice : ils entrent dans l'évaluation du poids des matériaux, comme l'écriture permet d'administrer le chantier. Cette part du travail implique des marges d'erreur, ne serait-ce que pour des questions de sécurité. On ne lésine pas sur les cordes quand il s'agit de tracter une pierre de plusieurs dizaines de tonnes sur la rampe d'une pyramide.

2 – Manifestations de φ dans le triangle 3-4-5

1 – Par la mesure

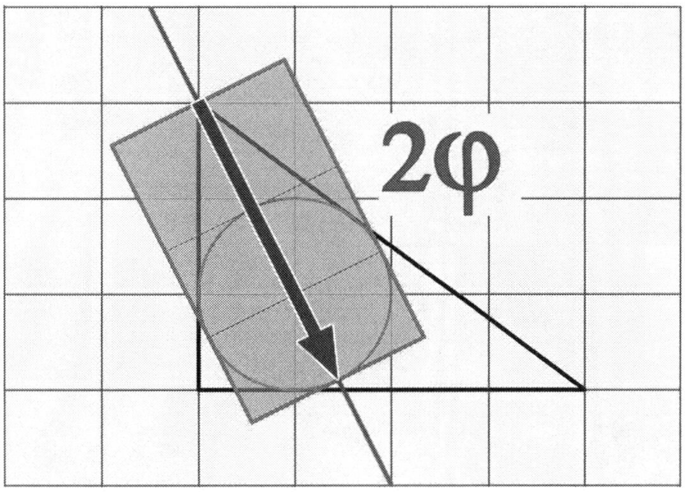

Fig. 43 : La mesure de 2.φ sur la bissectrice d'ordre 2

1ère manifestation : le rectangle doré de 2 x 2φ à sa place dite « classique », à cheval sur la bissectrice d'ordre 2 (*dorée*). La distance de 2φ est comprise entre le sommet du triangle et son cercle inscrit.

2 – Par les diagonales (les angles)

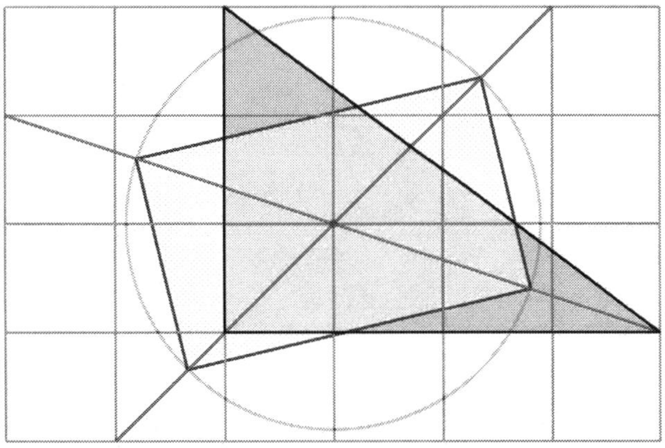

Fig. 44 : Les bissectrices deviennent diagonales dorées

2ème manifestation : les bissectrices d'ordre 1 et 3 sont les diagonales naturelles d'un rectangle doré. La première manifestation était celle de la mesure, cette seconde est celle des angles.

3 – Par le point limite

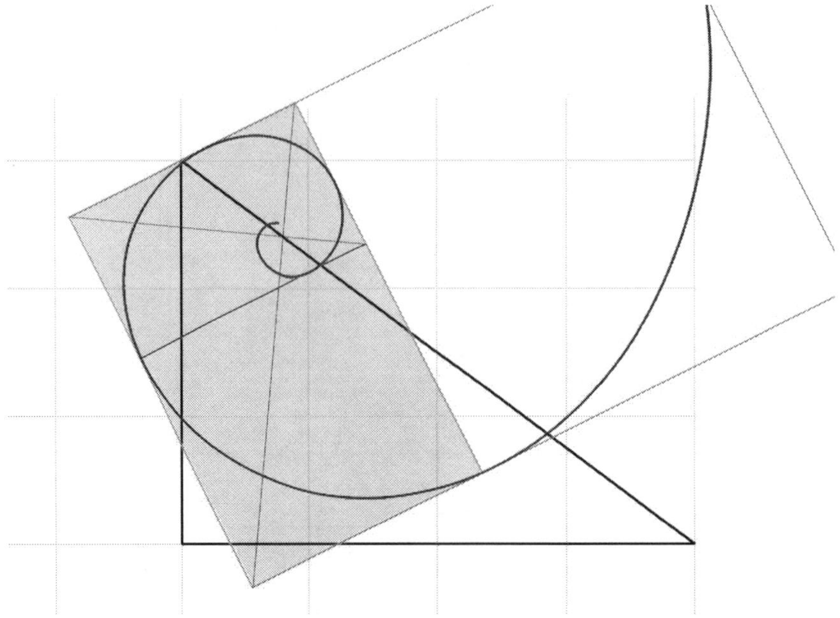

Fig. 45 : La limite de la spirale dorée est sur l'hypoténuse

3ème manifestation : le rectangle doré classique se décompose en une série illimitée de cerf-volants (ils sont en fait des rectangles dorés déguisés). Ces formes construisent une spirale dorée qui converge au point T de l'hypoténuse, situé à 1 unité du sommet du triangle.

4 – Par la surface dorée

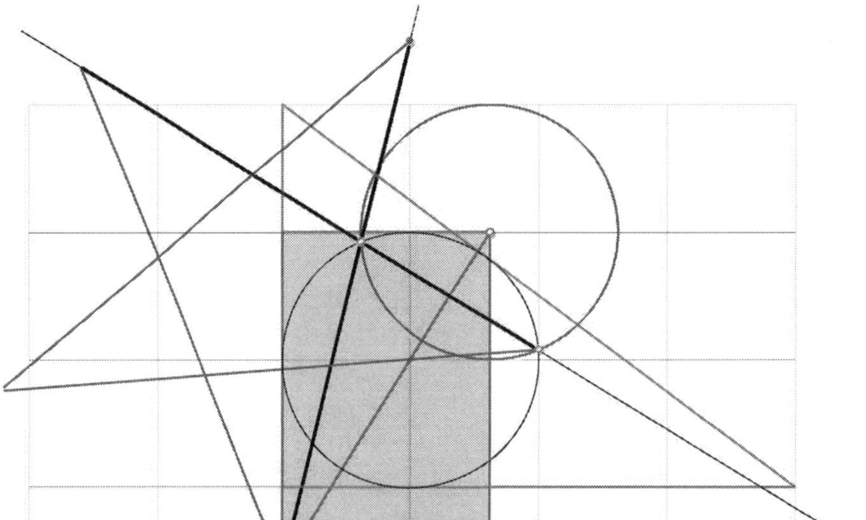

Fig. 46 : La surface de φ x φ^2 fait naître un pentagramme

4ème manifestation : un pentagramme naît de la confrontation du cercle inscrit au triangle avec son cercle jumeau. Ce cercle pointe son centre à deux carreaux de la base du triangle (côté 4) et à une distance de φ du côté 3. Ce pentagramme s'incline selon la diagonale d'un rectangle doré.

Cette figure exceptionnelle s'énonce simplement. Il suffit de coller un rectangle de $\varphi \times \varphi^2$ sur le côté 3 du triangle 3-4-5, à la hauteur 2. Le coin supérieur droit devient le centre d'un cercle de rayon 1. Il coupe son jumeau, le cercle inscrit au triangle, en deux points qui décident d'un pentagramme. Dans ces conditions, le pentagramme trouve en bas le coin gauche du rectangle doré, et à droite le centre du cercle inscrit !

En dehors de la spirale dorée, dont le point d'impact montre l'unité sur l'hypoténuse, les trois autres expressions du nombre d'or passent par le centre du cercle inscrit au triangle. C'est dire toute l'importance de la structure d'une figure géométrique, face à ses frontières ordinaires.

Nous allons (dé)montrer ces quatre propriétés du nombre d'or que l'histoire, la peinture et les mathématiques avaient oubliées.

3 – La mesure dorée du triangle sacré

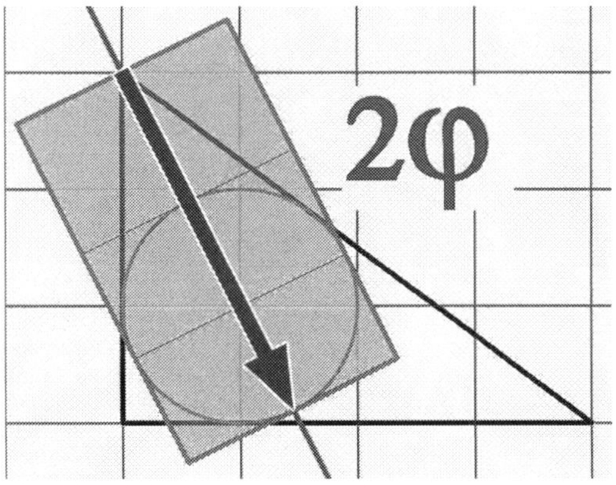

Fig. 47 : La proportion dorée du triangle 3-4-5 (cf. Fig . 43)

La monstration de cette propriété est déjà faite, au chapitre IV, 2 consacré au nombre d'or. Le rectangle mesure $\partial + 1$ selon la convention établie à cette occasion (si ∂ diagonale d'un double carré). Ce rectangle est appelé « classique ». NB : les premiers articles s'appuyaient sur une définition du nombre d'or qui ne permet pas sa construction directe.

Corrélats (propriétés secondaires)

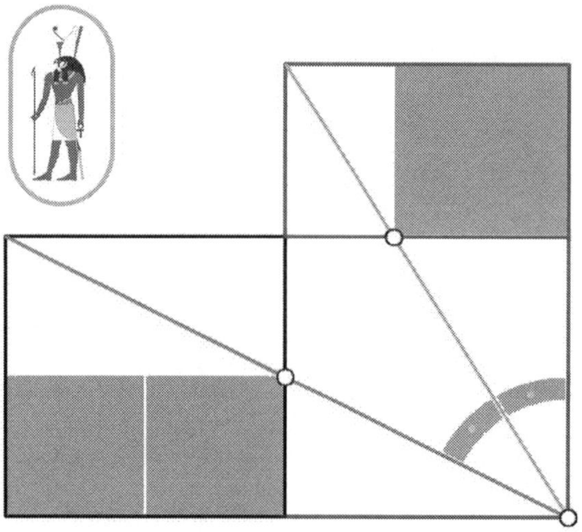

Fig. 48 : Les propriétés corollaires de la proportion dorée

Proportion dorée

Quand la diagonale d'un rectangle d'or passe son carré inscrit, elle laisse sur le côté le plus large un segment égal à la hauteur qu'il lui reste à franchir pour aller jusqu'à l'angle.

Double-carré

Quand elle passe le premier carré, la diagonale d'un double carré horizontal laisse sur le côté un segment égal à la moitié de la distance horizontale qu'il lui reste à franchir pour aller jusqu'à l'angle.

4 – Les diagonales dorées

Nous allons montrer que les bissectrices d'ordre 1 et 3 du triangle 3-4-5 sont les diagonales naturelles d'un rectangle doré. Les trois bissectrices du triangle ont une relation surprenante, qui nous permet de mieux comprendre comment les Anciens ont fondé leur savoir.

Observation n°1

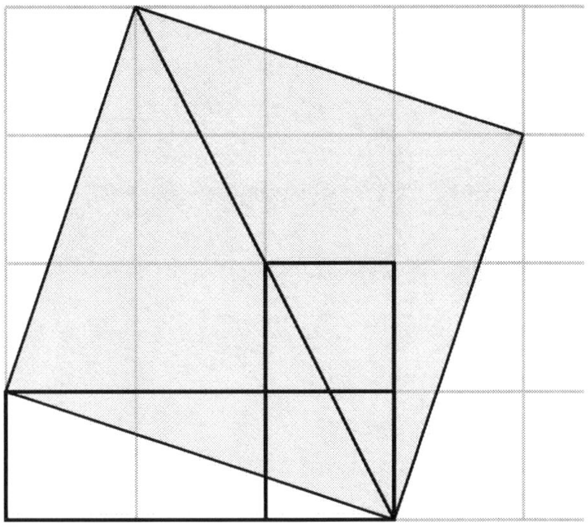

Fig. 49 : Les relations entre bissectrices/diagonales

La figure des trois diagonales

Cette figure exprime une sorte de “principe de la trinité” : *L'angle compris entre la diagonale d'un triple carré couché et celle d'un double carré debout est celui de la diagonale d'un simple carré.*

Observation n°2

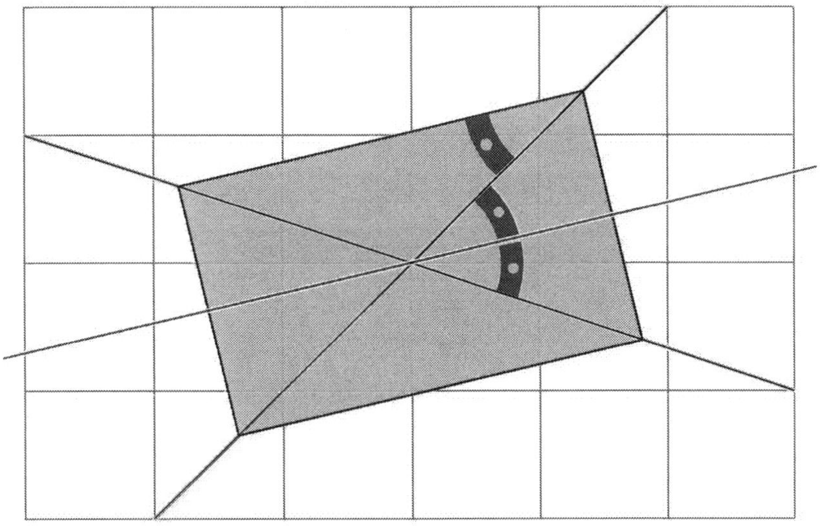

Fig. 50 : Les bissectrices d'ordre 1 et 3 du triangle

Nous savons que le petit angle de la diagonale d'un rectangle doré est la moitié du grand angle de la diagonale d'un double-carré. Donc :

Le petit angle que font les deux diagonales d'un rectangle doré en son centre est égal au grand angle de la diagonale d'un double carré.

Corrélat - Propriété

Quand une des diagonales du rectangle doré se place à l'horizontale, l'autre devient la diagonale d'un double-carré.

C'est, comme nous l'avons évoqué, un des principes qu'utilisera Dürer dans la construction de sa gravure « MELENCOLIA § I ».

Monstration

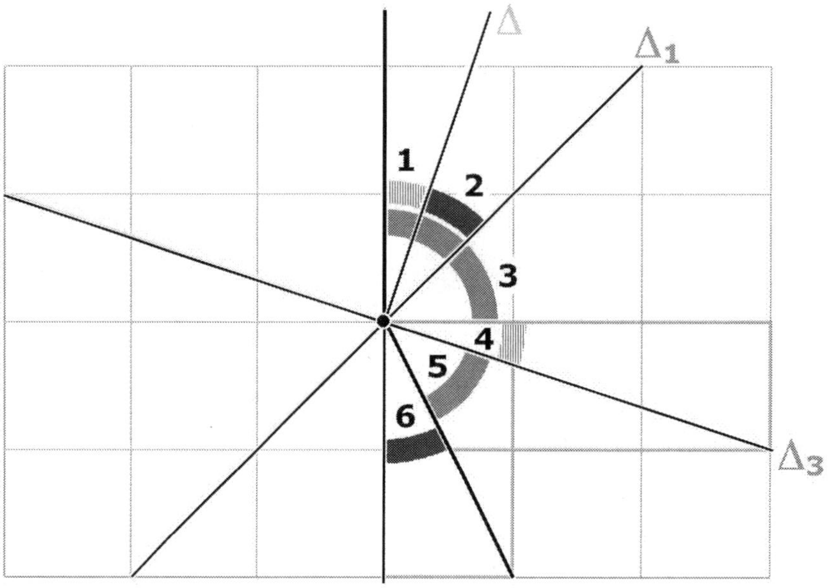

Fig. 51 : Le comptage des angles

Nous noterons les angles sous la forme Ân
Par exemple : $\hat{A}_3$ pour l'angle n°3
Selon le préambule n° 1 : $\hat{A}_5 = 45° = 90°÷2$
Soit Δ la perpendiculaire à Δ_3
Δ_3 est la diagonale du triple carré
—> L'angle $\hat{A}_1$ est donc égal à l'angle $\hat{A}_4$
On note également que, par construction :

$$\hat{A}_1 + \hat{A}_2 = \hat{A}_3 = \hat{A}_5$$

—> Donc : $\hat{A}_3 + \hat{A}_4 = \hat{A}_5 + \hat{A}_4$
Or : $\hat{A}_5 + \hat{A}_4 =$ grand angle de la diagonale du double carré,
—> donc $= \hat{A}_3 + \hat{A}_4$ également. *Ce Qu'il Fallait Montrer*

Corrélats - Propriétés

Les bissectrices d'ordre 1 et 3 du triangle 3-4-5 sont les diagonales naturelles d'un rectangle doré.

Le petit angle que forment les diagonales d'un simple et d'un triple carré est égal au grand angle de la diagonale d'un double carré.

5 - La spirale dorée du triangle

Le rectangle doré que nous avons étudié avec la première expression du nombre d'or porte en lui une suite de cerf-volants également marquée par φ. À priori, cette nouvelle structure est applicable à tout rectangle doré, mais le triangle 3-4-5 vient la particulariser : l'hypoténuse du triangle passe par le point précis (T) où se coupent les diagonales du dit-rectangle et de son rectangle résiduel, et ce point est la limite de la spirale des cerfs-volants. Le rectangle doré n'adopte donc pas sa « position classique » uniquement pour donner une consistance (par son aire) à la mesure de 2φ.

"T" - Point remarquable du triangle et du rectangle doré

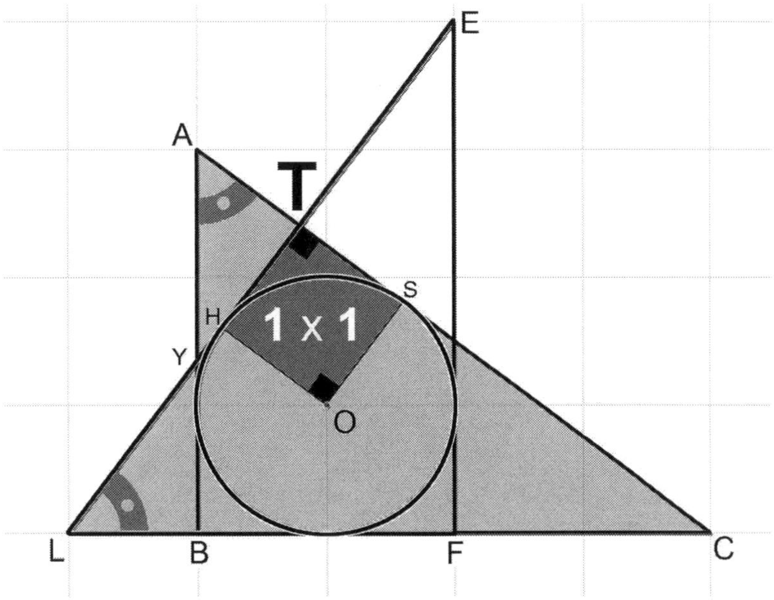

Fig. 52 : Le point T de l'hypoténuse, à 1 unité du sommet

Soit le triangle LEF, rotation de ABC d'un quart de tour, qui partage le même cercle inscrit. Par construction :

LC = AC = 5. Les angles en A et en L sont égaux.
Les droites AB et LE se croisent en Y de façon symétrique par rapport à l'axe YC de la forme ici en gris clair. De même le centre du cercle inscrit est sur la droite YC.
Selon la symétrie de cette forme :
LB = AT = 1 (explicite sur le quadrillage).
Une rotation de 90° unit les triangles,
l'hypoténuse LE est orthogonale à l'hypoténuse AC.
Un carré de 1 sur 1 met en évidence les points de tangence des hypoténuses H et S.
LE est donc la médiatrice du segment AC, et T son milieu. *CQFM*

Remarques

Ce procédé revient de façon récurrente dans la géométrie égyptienne : il suffit de donner une autre orientation au triangle 3-4-5 pour révéler les distances. Nous reprendrons le même type de figure pour compléter ses mensurations.

Deuxième point remarquable du rectangle doré (Ω)

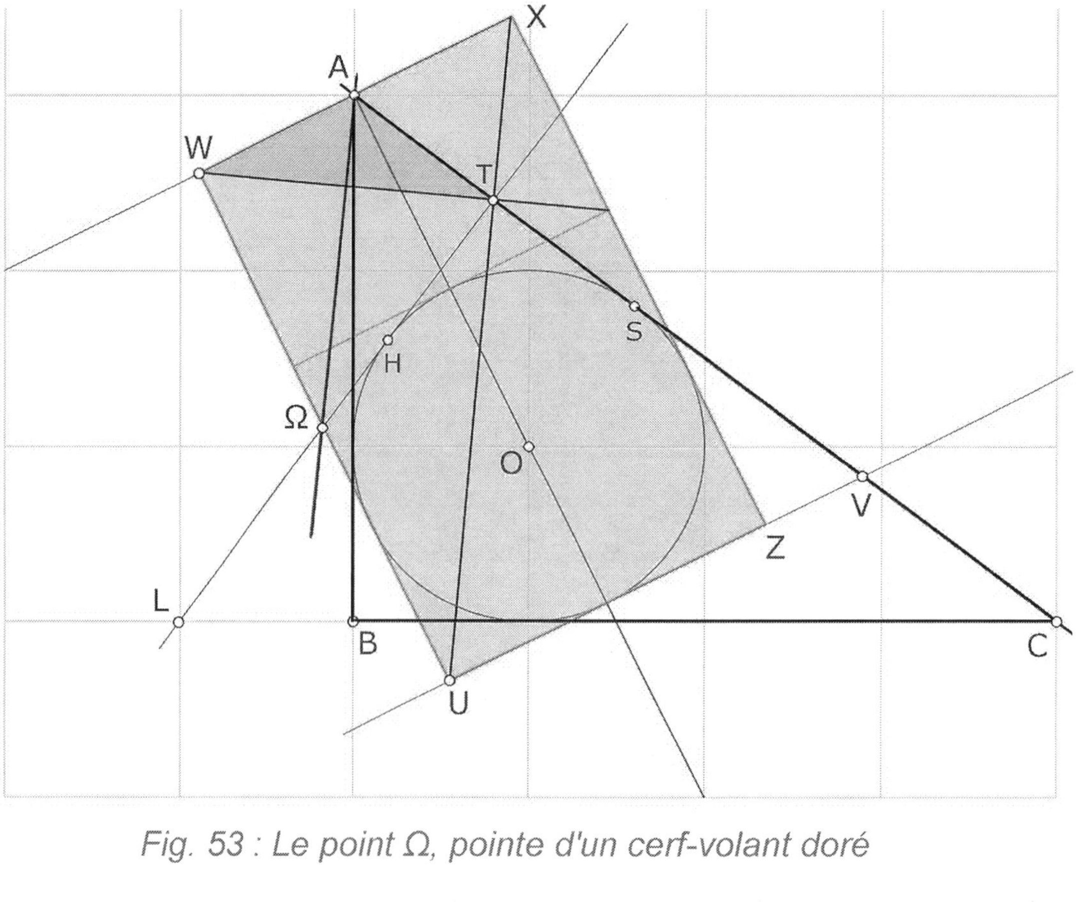

Fig. 53 : Le point Ω, pointe d'un cerf-volant doré

Considérons le triangle WAT. Et notons :

$\hat{A}_A$ l'angle WAT

$\hat{A}_T$ l'angle ATW

$\hat{A}_W$ l'angle AWT

α le petit angle de la diagonale d'un rectangle doré.

—> 2α est donc le grand angle de la diagonale d'un double carré.

Considérons l'angle $\hat{A}_A$

À gauche de la verticale AB l'on a 2α, et à droite : 2 x [90°- 2α]

c'est à dire deux fois le petit angle du double-carré

—> ÂA = 180 – 2α

Nous avons montré que $A_T = 1$

Or WA = 1, donc WAT est isocèle, donc $\hat{A}_W = \hat{A}_T$

La somme des angles d'un triangle est 180° (ou encore π en radians). Empruntons cette propriété.

$\hat{A}_W = \hat{A}_T = [180 - \hat{A}_A] \div 2 = [180 - (180 - 2\alpha)] \div 2 = \alpha$

T est donc sur la diagonale du rectangle doré résiduel.

Soit AΩ la médiatrice de WT (diagonale du rectangle doré résiduel).

Soit XU la diagonale du rectangle doré

XU est également orthogonale à WT

L'orthogonalité des diagonales est une des définitions de la proportion dorée. En effet : *Si le rectangle résiduel (obtenu par retrait du carré), a les mêmes proportions que le rectangle doré initial, son orientation à 90° du premier entraîne sa diagonale.*

—> AΩ est donc parallèle à XU

—> ΩWA et UWX sont donc des triangles semblables.

Par construction, ils sont dans un rapport de 1 à 2

(A est le milieu de WX)

—> T est donc sur XU et WATΩ est un cerf-volant

—> ΩW= ΩT vaut donc la moitié de WU soit φ.

Autre remarque

L'angle en W de ΩWA est droit,

—> donc l'angle en T de ATΩ est droit.

—> H est donc sur ΩT (HT est orthogonal à AS)

La spirale des cerf-volants

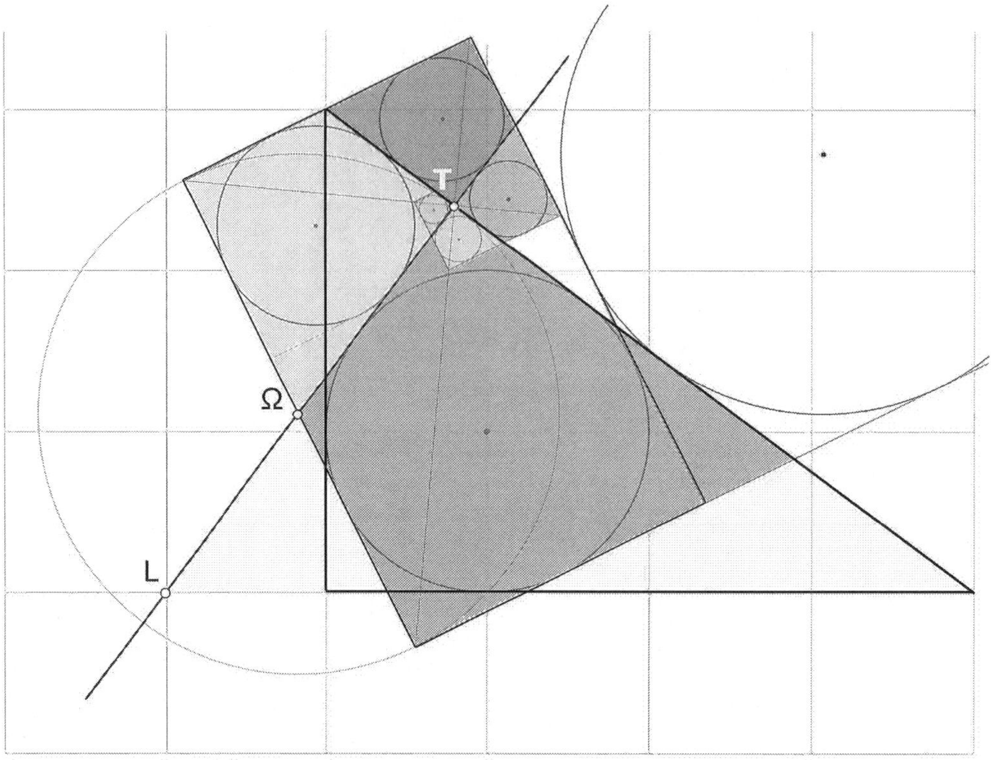

Fig. 54 : La spirale des cerf-volants

Examinons les cerf-volants gris. Nous venons d'établir les mensurations du quadrilatère gris clair qui sont 1 et φ. Quid du grand ? Sa traverse est par construction un segment de la diagonale du rectangle doré, orthogonal à celui du rectangle résiduel. Les deux segments de tête du quadrilatère mesurent φ (établi). Les angles droits, au point T et en bas du rectangle achèvent de constituer un cerf-volant semblable au gris clair, puisque les angles des triangles de tête sont, dernier élément, les mêmes (α).

Le même type d'observations, portant sur les angles et les segments, permet de poursuivre la chaîne des cerf-volants dont chacun est collé à 90° du précédent en réduisant ses mensurations par φ. Il est intéressant de placer les cercles inscrits à chaque étape, celui du jaune étant le cercle inscrit au triangle. Ces cercles sont tangents aux quatre côtés de chaque cerf-volant, et ils sont une alternative au schéma classique de présentation de la logique dorée, qui fait ne apparaître qu'une suite des carrés.

Les cerf-volants, fruits de divisions successives par le nombre d'or, se combinent jusqu'à former une spirale dorée qui converge en T, point où se croisent les diagonales du rectangle doré et de son résidu, sur l'hypoténuse du triangle et à une unité du sommet.

NB : les cerf-volants ont des côtés de type (1, φ) réunis par un angle droit. Les deux moitiés triangulaires peuvent être ré-agencées pour constituer un rectangle doré. En ce cas, la série des cerf-volants prend une autre forme (voir Fig. 56).

Compléments à la première figure du point T

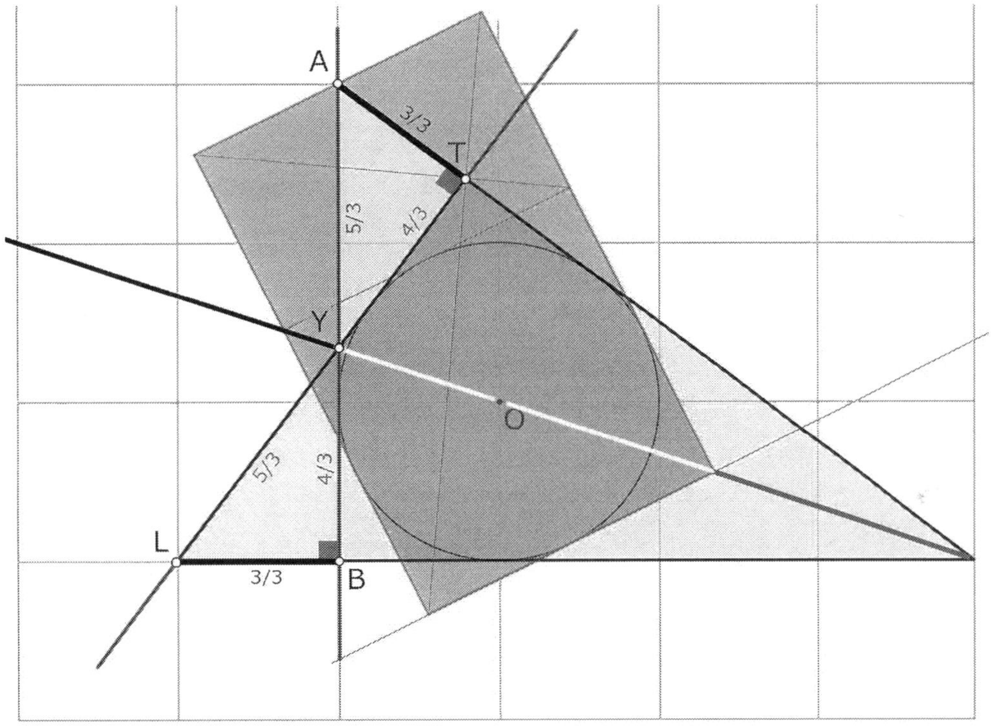

Fig. 55 : Comment mesurer avec les figures symétriques

Les triangles BYL et TAY sont symétriques de part et d'autre de la bissectrice d'ordre 3 (CO diagonale du triple carré). Ces triangles sont rectangles et partagent un autre angle avec des triangles de type 3-4-5. La somme des trois angles étant égale à 180°, le troisième angle est également identique. BYL et TAY sont donc de type 3-4-5.

LB = 1. Il suffit donc de diviser les mensurations 3, 4 et 5 par 3 pour résoudre la figure des triangles BYL et TAY.

Ce qui donne 3/3, 4/3 et 5/3. La hauteur du triangle 3-4-5, posé sur son hypoténuse, est de : (3x4)/5 = 12/5

—> C'est la hauteur du point T par rapport à LC.

Cette monstration réclamera un chapitre.

—> En conséquence, le point T est situé à 12/5 x 1/3
= 4/5 à droite de la verticale AB.

Si l'on s'en tient à sa construction dorée classique, le point T a un statut irrationnel. Cette figure achève de nous expliquer par la magie des angles, que sa position sur le quadrillage ne cesse d'être rationnelle.

Cette remarque est à verser au dossier de la « crise de l'incommensurable » qui secoua la Grèce mathématique.

Les rectangles dorés

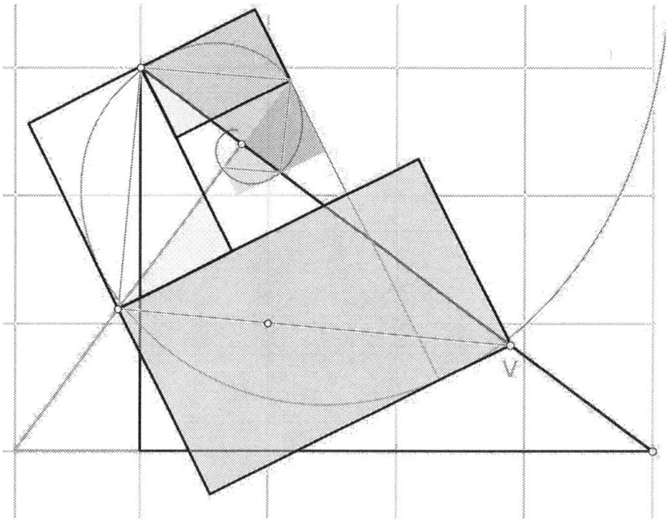

Fig. 56 : Rectangles dorés reconstitués à partir des cerf-volants

Cette suite reprend pour chaque rectangle la mensuration du précédent, et ajoute sa réduction dorée à angle droit. Cette figure est un authentique sujet de méditation.

La spirale dorée

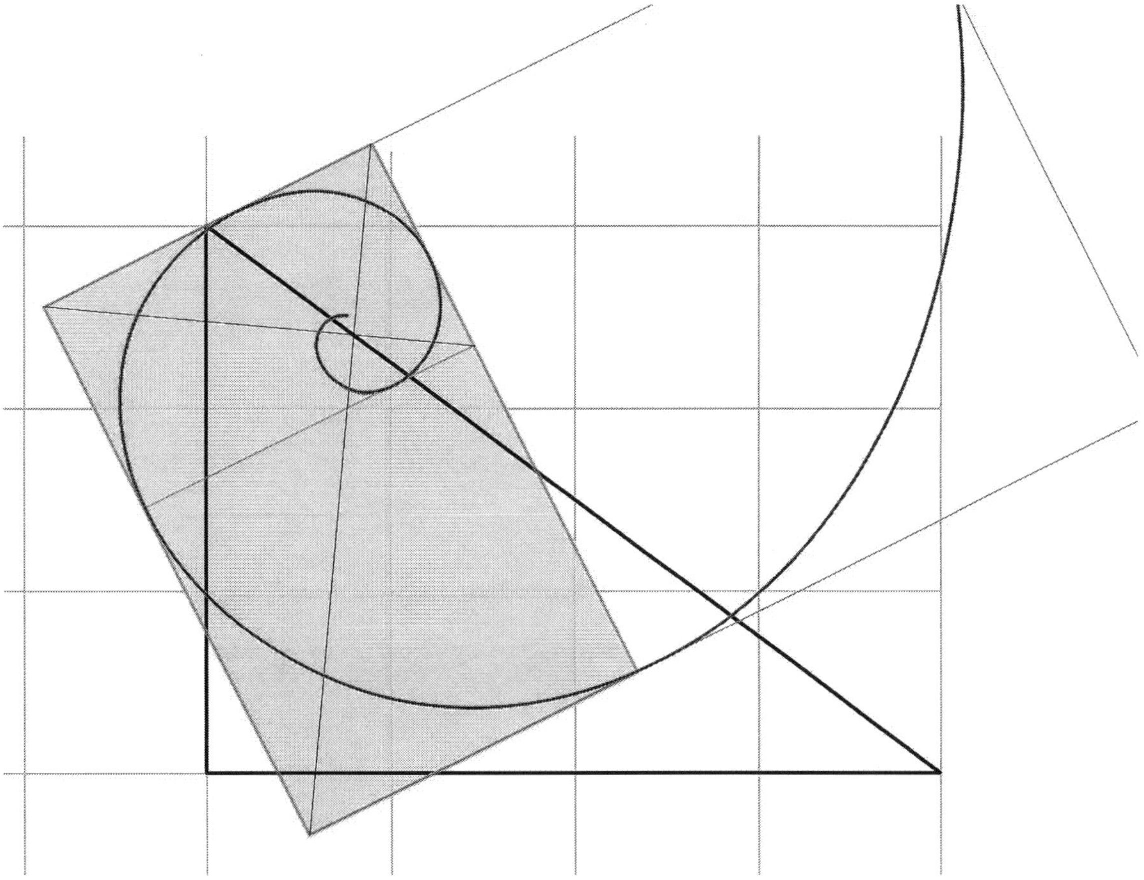

Fig. 57 : La spirale dorée du triangle 3-4-5

Aussi abstraite que paraisse cette courbe, elle fait partie de la structure interne du triangle 3-4-5. À ce titre, elle participe à une symbolique qui se fonde sur la géométrie pure, telle qu'elle se démontre mathématiquement.

Dans la composition artistique, les formes guident les traits de la représentation. Par cet exercice, tous les arguments théoriques sont mis à profit. Au fur et à mesure que les géomètres découvrent les structures, ils leur trouvent (et non leur donnent) un sens logique qui sert de base référentielle à leur conception.

Le rapport du point T avec le cercle inscrit

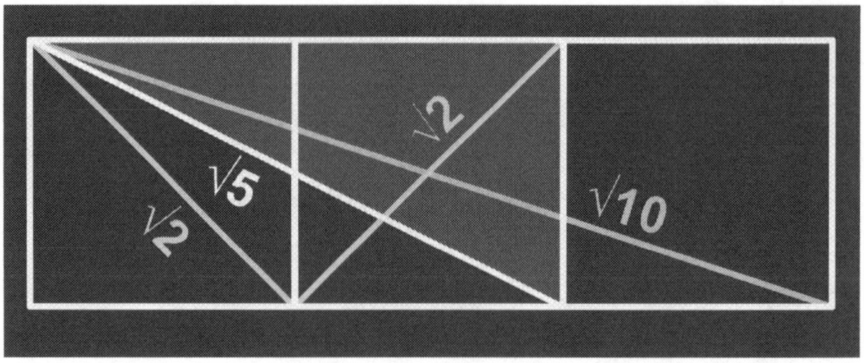

Fig. 57 b : Le triple carré et ses diagonales.

Considérons un triple carré : 1°) La grande diagonale notée √10 *de façon moderne*, croise celle notée √2 en leur milieu commun. 2°) Un triangle de pinwheel se distingue 2-1-√5.

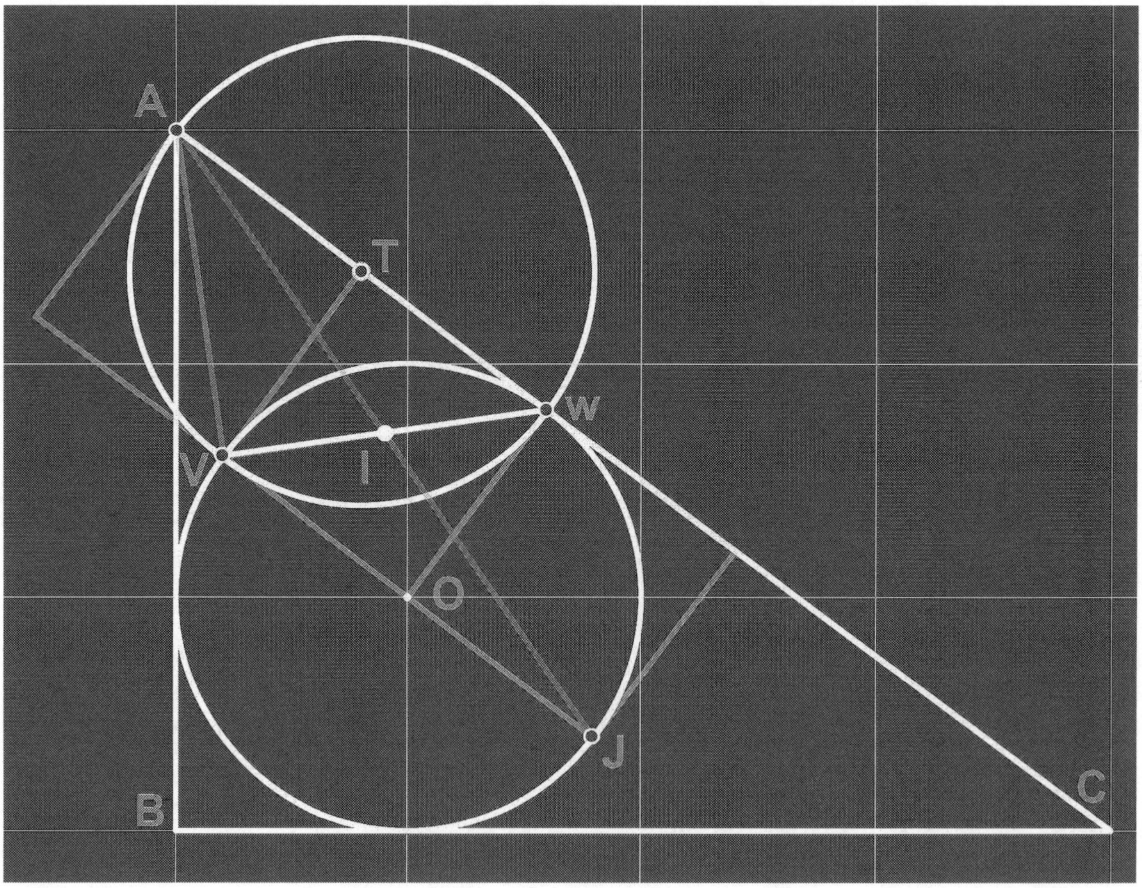

Fig. 57 c : Le Cercle de rayon 1 au point T

Positionnons la figure précédente sur l'hypoténuse, selon A et T, et traçons le cercle de rayon 1 en T. Il passe par A et W. Ensuite AOW est un triangle de pinwheel avec son angle droit en W. Ce point est donc la projection orthogonale de O sur l'hypoténuse, et le point de tangence du cercle inscrit. OW = TW = 1, TV = OV = 1. VW est la largeur de l'amande.

Le double carré inscrit

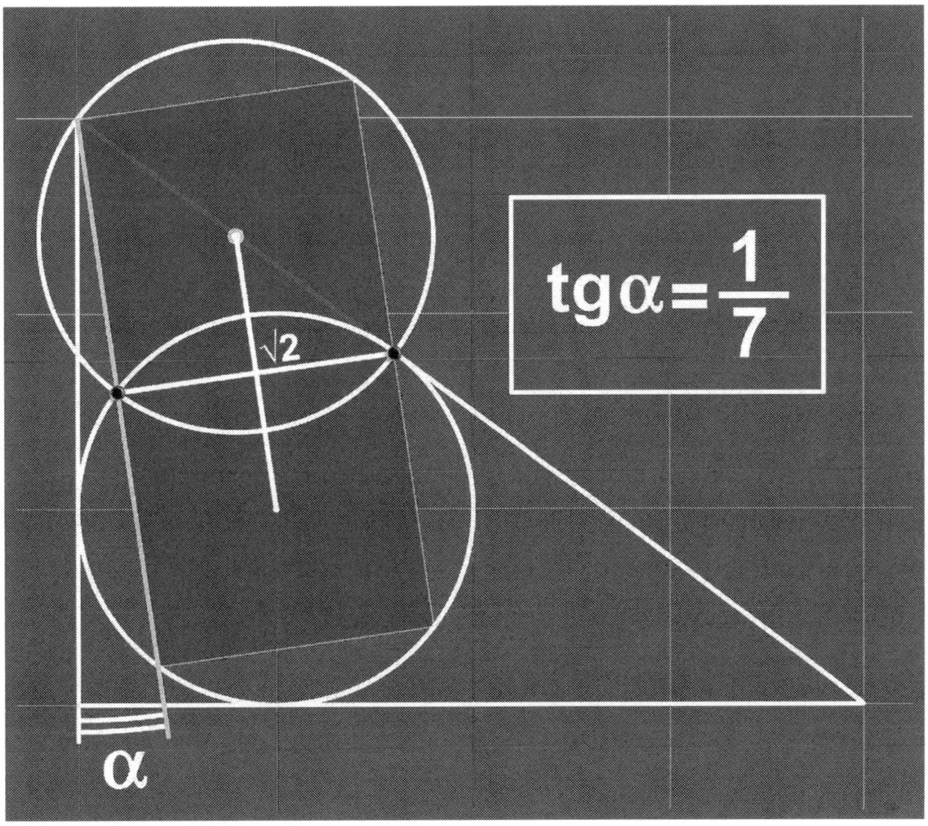

Fig. 57 d : Le double carré du cercle en T

WVA esquisse un carré de côté √2, inscrit au cercle – c'est la largeur de l'amande intersection des cercles. On peut alors achever la figure du double-carré inscrit au double-cercle. L'angle de ce rectangle par rapport à la verticale a une tangente de 1/7 (page suivante, Fig. 57 e). Cette explication manquait : contrairement aux trois autres manifestations du nombre d'or, la spirale dorée – avec son point limite T, n'était pas directement liée au cercle inscrit du triangle.

L'interprétation de cette croix de deux √2 sent le souffre. La valeur pure de √2 est l'objet d'une pudeur chez les Égyptiens, et participe à des représentations du diable chez Albrecht Dürer. En musique, dans la gamme du tempérament égal, la quarte augmentée (do–fa♯) et la quinte diminuée (do-sol*b*) sont égales et valent six demi-tons; elles ont un rapport de fréquences de √2. Cette « moyenne » est curieusement le procédé que les Égyptiens ont choisi à Gizeh pour exposer la valeur √2 ! Le chant grégorien utilise cet intervalle, le triton, mais à la fin du Moyen Âge celui-ci est systématiquement évité car jugé trop dissonant. Il reçoit alors le surnom de « Diabolus in Musica » !

L'angle Alpha

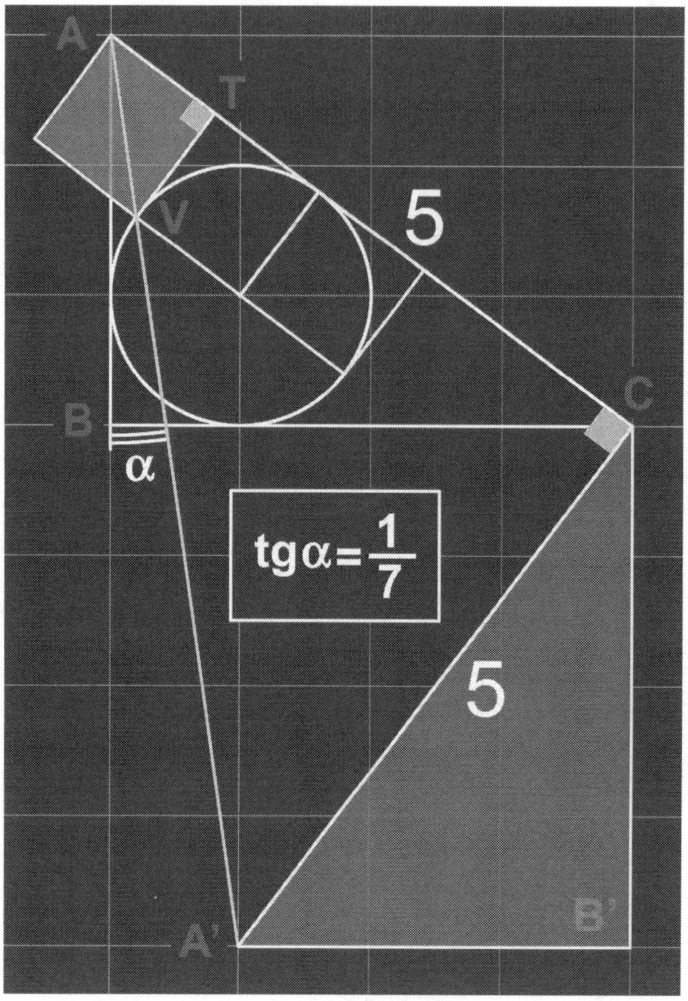

Fig. 57 e : Monstration de l'angle Alpha

Soit le triangle A'B'C – de type 3-4-5.

Il est le résultat d'une rotation du triangle ABC par un angle droit autour de C. Donc A'C est orthogonal à AC

Le triangle ACA' est un demi carré, semblable au petit demi-carré ATV, et ils partagent la même hypoténuse.

Cette droite est la diagonale d'un septuple-carré.

La composition des tarots

La principale composition des tarots est une série de triangles astrologiques, de type 3-4-5, liés entre eux par une homothétie (le triangle du Soleil sert de référence).
Ces triangles et leur quadrillage sont tournés de 1/4 d'angle plat – soit 45°, et l'hypoténuse devient également la diagonale d'un septuple-carré, comme AA'.

6 – Le pentagramme du triangle 3–4–5

Cette fois nous constaterons la géométrie de *façon moderne*, tant il semble difficile de développer entièrement ce chapitre sans le théorème de Pythagore (en réalité le théorème de la diagonale).

L'ADN du pentagramme

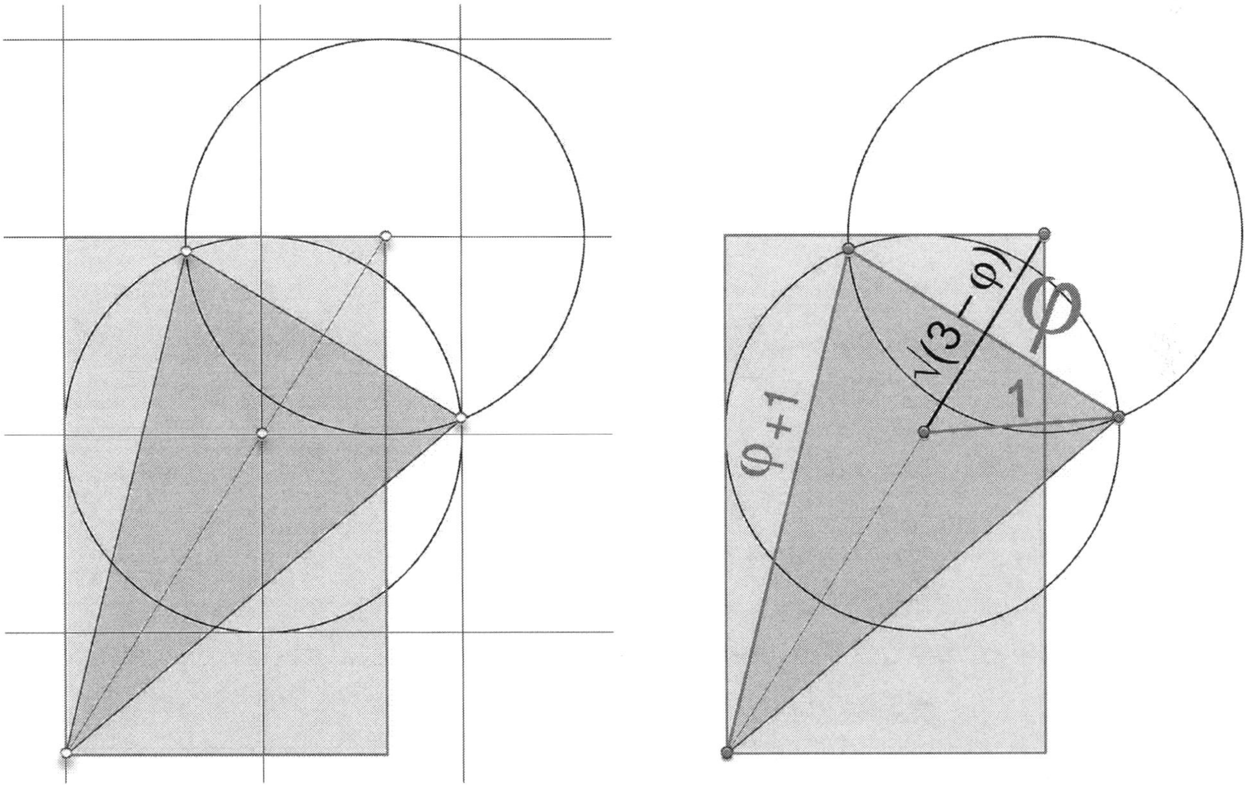

Fig. 58 : Le cercle de rayon φ, à l'altitude 3

Considérant un cercle de rayon 1, il n'y a qu'une façon de tracer un triangle d'or $\varphi^2 - \varphi - \varphi^2$ dont 1°) φ soit la corde du cercle, et 2°) la pointe soit sur la tangente verticale au cercle – comme sur ce visuel.

Propriété 1 : *Le cercle jumeau qui croise le premier sur le segment φ est situé à l'angle d'un rectangle de φ sur φ^2 (= φ +1).*

Propriété 2 : *Le segment qui réunit le centre d'un des cercles (r =1) fait un angle de 36° avec l'axe de l'amande.* > tg 36° = $\sqrt{[(3 - \varphi)/ \varphi]}$

Le pentagramme du triangle d'Isis

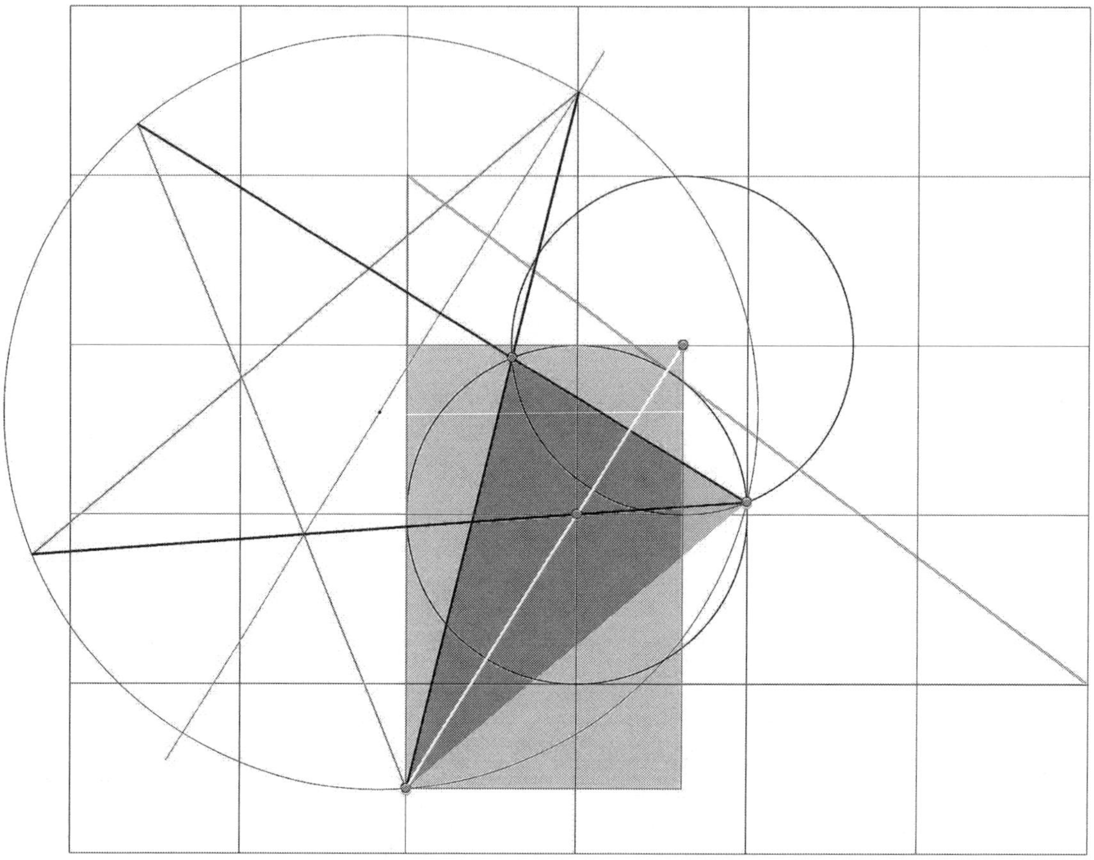

Fig 59 (cf. Fig. 46) : Le pentagramme du triangle d'Isis

À cette occasion, l'on comprend une fois encore les liens profonds qui unissent le pentagramme au nombre d'or. Triangle d'or, diagonale dorée, rectangle doré, tout ces arguments entrent dans la composition.

À propos du théorème de la diagonale (Pythagore). Il n'est pas prouvé que les Égyptiens aient ignoré cette part du savoir des Sumériens et des Babyloniens. Ils ont avant tout développé une géométrie au profit d'un art voué à la symbolique et à la plus haute esthétique.

Début de monstration

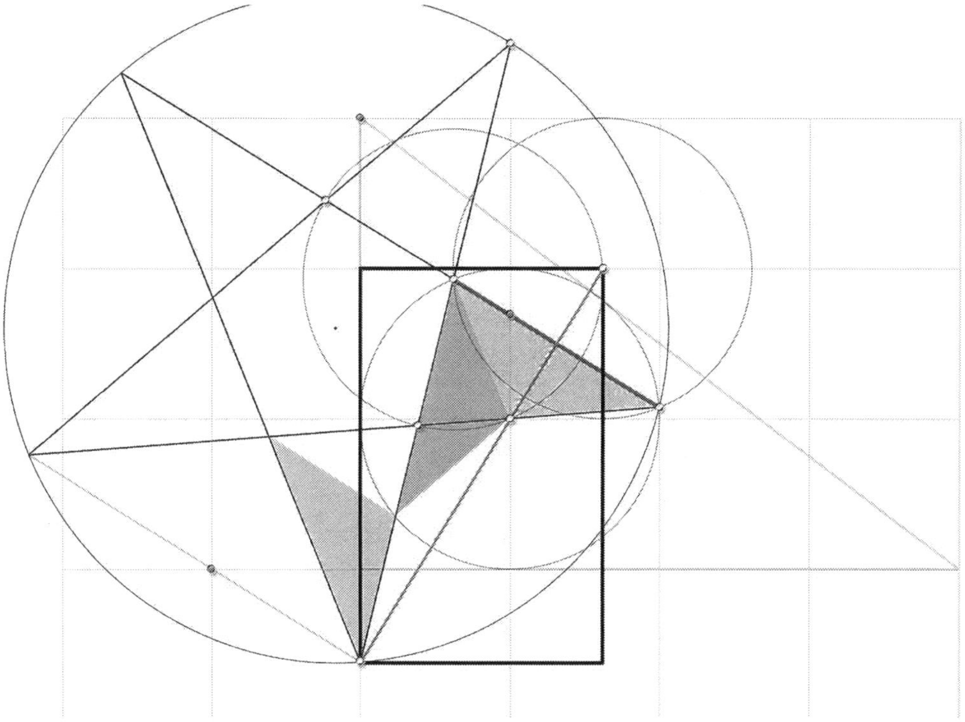

Fig. 60 :

Ce pentagramme se cale sur l'amande, et φ est la mesure de sa pointe. L'étoile reprend ensuite cette mesure là où elle est à l'origine, comme côté supérieur d'un rectangle d'or. Le pentagramme semble incliné de façon non conventionnelle alors que son orientation a du sens : la droite que l'on considère comme sa verticale quand il est en position debout s'accorde avec la diagonale d'un rectangle d'or. Le rectangle référent reprend la première mesure de φ, qui mène au centre du second cercle, et se développe vers le bas avec la hauteur $\varphi^2 = \varphi + 1$. Les modules de Penrose (triangles d'argent) rendent cette construction particulièrement didactique.

Remarque 1 : La trigonométrie met en évidence des coïncidences d'une précision de quelques millièmes (marge). En revanche, celles qui sont accessibles à la logique des yeux sont parfaitement exactes.

Remarque 2 : La géométrie sacrée s'est considérablement développée à Byzance, où les moines étaient les seuls en Europe à lire le Grec dans l'intégrale*. Nul doute qu'ils aient dopé la pratique par le calcul.
*Réf. * : « Le matin des mathématiciens », Ed. Belin, Paris, France - 1985 (Ouvrage collectif dont M. Caveing et E. Noel)*

VI – LE CARRÉ DU PAPE

Ce chapitre est en partie emprunté à l'article « La naissance de la Géométrie : la géométrie avec les yeux des Egyptiens » de la revue Repères-IREM N°87 (Mars 2012) :

http://www.univ-irem.fr/spip.php?article=71&id_numero=87

Le carré du Pape tire son nom du cercle du même nom – de diamètre 2.φ, qui a une grande importance dans la composition des Tarots (version de Dürer/Conver). Il épouse parfaitement le vêtement du Pontife, exposé par la lame V des arcanes majeurs. De façon générale, cette mesure de 2.φ revient très souvent dans la géométrie sacrée. Elle donne souvent la dimension de la scène à un tableau.

Cette étude renforce le statut du rectangle d'or du triangle 3-4-5, appelé « classique », et plus généralement celui de la structure interne.

Première étape

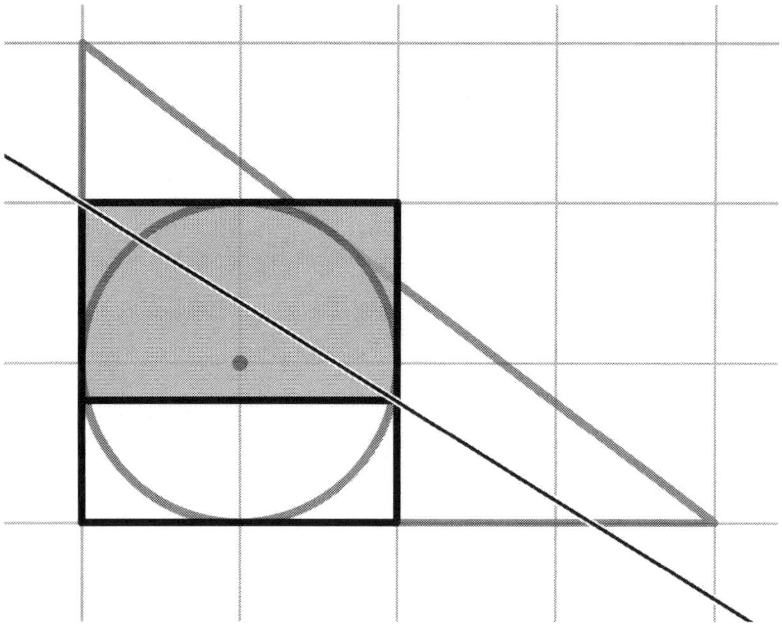

Fig. 61 : Division de 2 par φ

La première étape consiste à diviser le carré du Pape (côté 2) selon φ, et à tracer une diagonale du rectangle (qui mesure 2 sur 2/φ).

Deuxième étape

Un rectangle de largeur 2, comme le cercle intime, et de hauteur 2.φ, se place à cheval sur la bissectrice dorée venant du sommet du triangle, et prend la première diagonale comme la sienne.

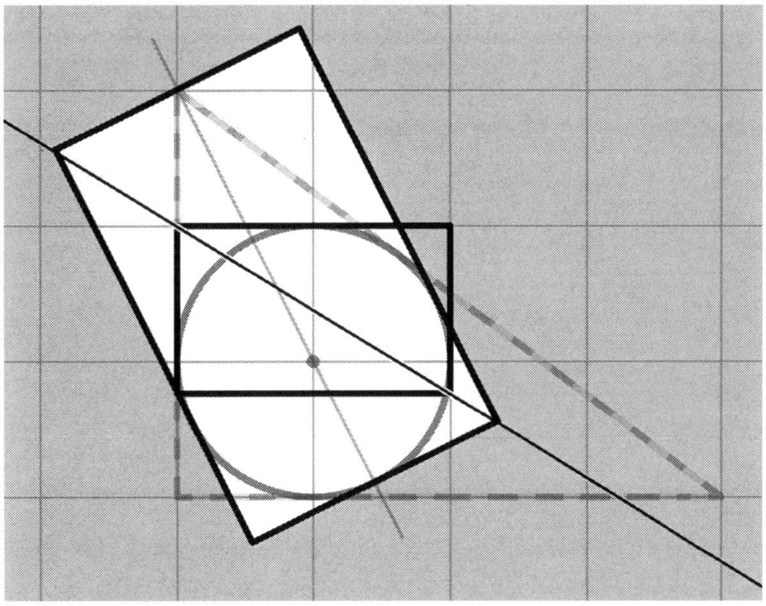

Fig. 62 : Une propriétés singulière des diagonales dorées

Troisième étape

Considérons le petit rectangle doré inscrit au rectangle incliné. Sa diagonale croise la précédente à angle droit, caractéristique des divisions dorées, en un second point d'Or (l'autre étant T, que nous avons vu) . Ce point est également sur le segment 3 du triangle, à 1 unité du sommet.

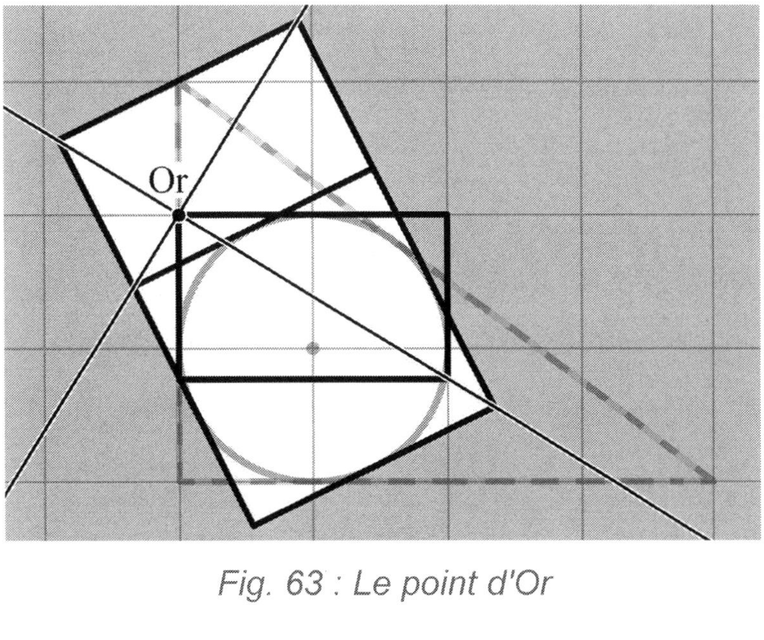

Fig. 63 : Le point d'Or

Quatrième étape

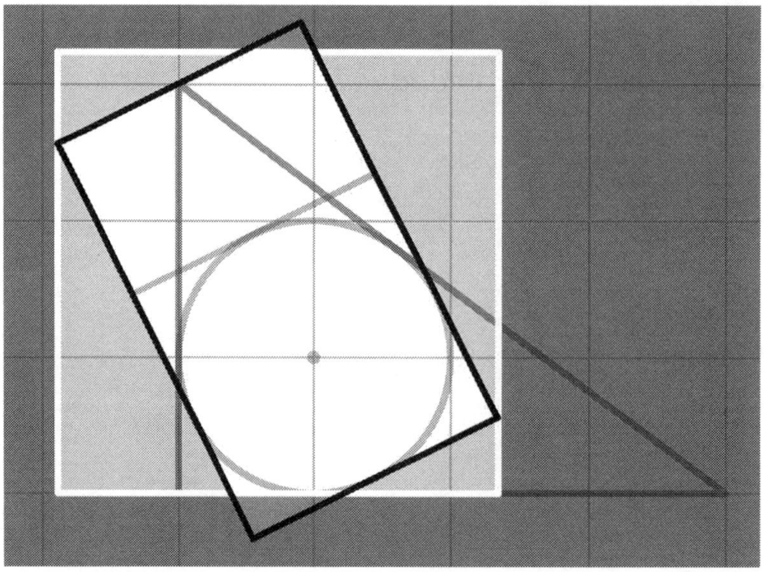

Fig. 64 : Le carré du Pape

Le carré du Pape, de largeur 2.φ, a la "largeur horizontale" du rectangle incliné. Les coïncidences se multiplient.

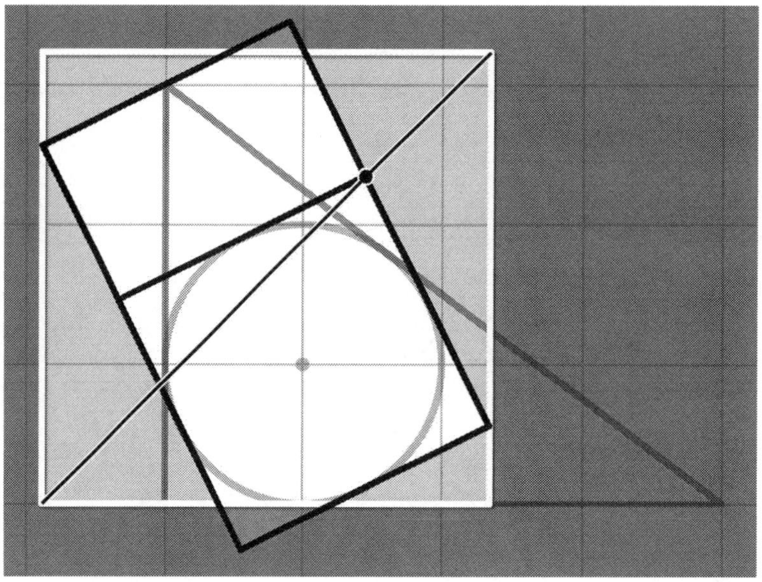

Fig. 64 bis : La diagonale du carré

Posé au niveau de la base du triangle, le carré du pape est l'objet d'une autre coïncidence : la diagonale du carré passe par le point de séparation du petit rectangle doré et de son carré associé. Ce qui porte à trois le nombre de points remarquables.

Cinquième étape

Enfin, le cercle du pape, de rayon φ (de même largeur que le carré), se pose sur l'axe du Ciel de façon précise. Son centre est sur la droite qui sépare le petit rectangle doré de son carré. La distance au bord du rectangle est φ, la distance à la Terre également.

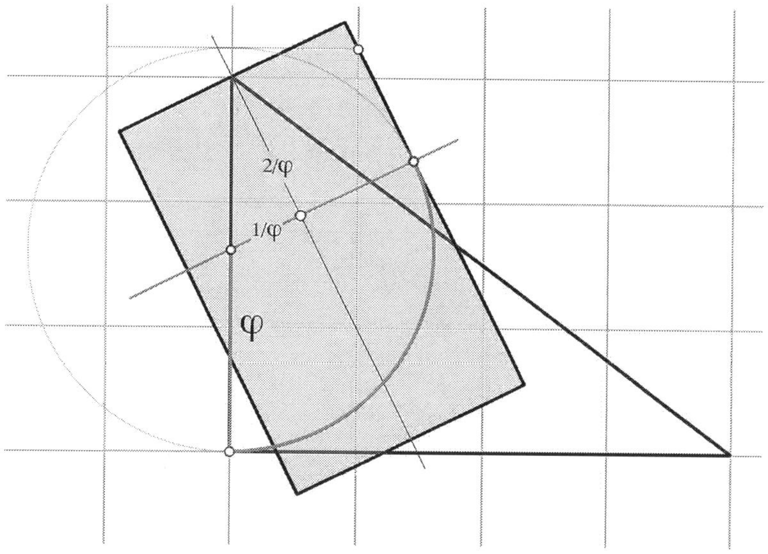

Fig. 65 : Arc doré

Sixième étape

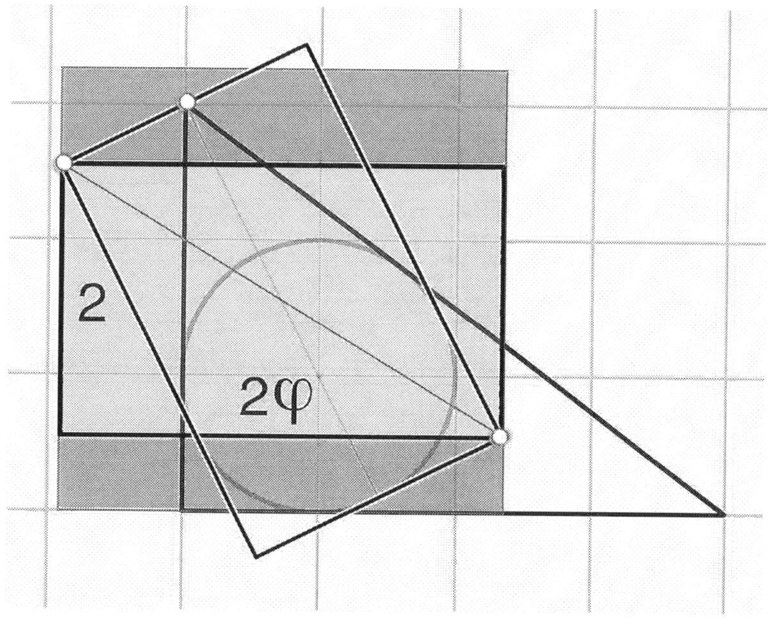

Fig. 66 : Les rectangles siamois

Un rectangle qualifié de siamois croise le premier, en position parfaitement horizontale. Ils partagent une même diagonale. La définition « avec les yeux » du nombre d'or suffit à le démontrer.

La moitié du grand angle
de la diagonale d'un double carré
est égale au petit angle
de la diagonale du rectangle doré.

Partons du point commun, en bas à droite. La grande droite partage le grand angle de la diagonale d'un double carré. C'est une parallèle à la bissectrice de l'angle au sommet du triangle 3-4-5.

Entre les deux points remarquables de la figure il se forme une fois de plus un beau cerf-volant, expression didactique des triangles iso/symétriques.

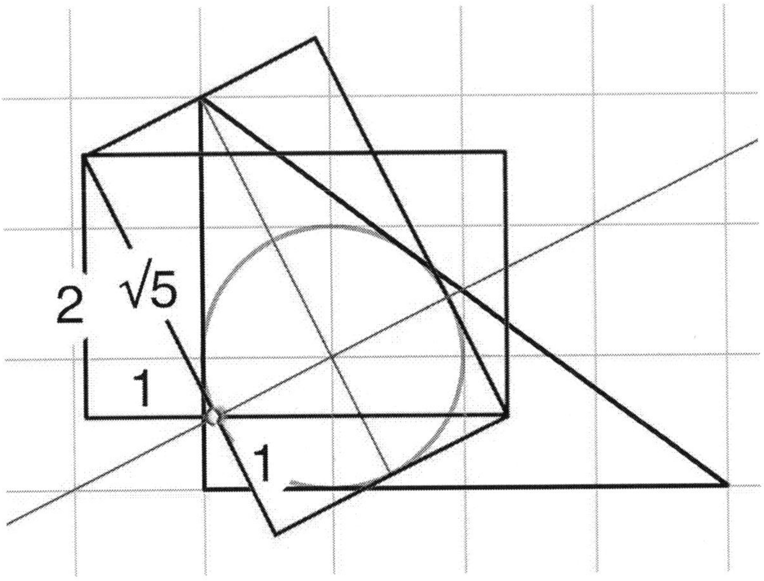

Fig. 66 bis : Les mensurations

Cette figure met en évidence la situation du point de croisement des rectangles siamois. On découvre aussi le losange central de côté √5, bordé de quatre triangles de Pinwheel .

Septième étape

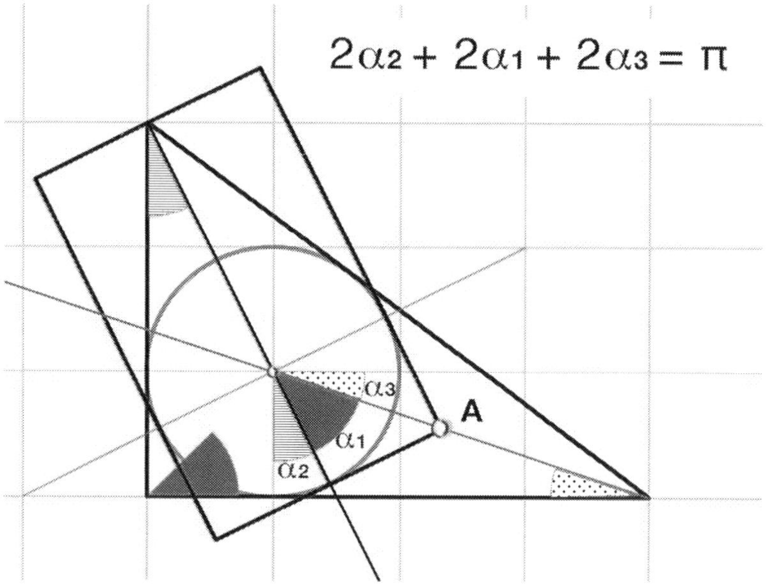

Fig. 67 : Les angles

À cette occasion, on se rend compte que le point A, angle du carré circonscrit au cercle intime, est sur la bissectrice d'ordre 3 du triangle.

Monstration

Il suffit de constater la somme des angles d'un triangle et la définition d'une bissectrice pour le (dé)montrer. Toutes ces considérations soulignent l'importance et la pertinence de ce rectangle doré – que l'on qualifie de « classique » dans le triangle 3-4-5.

VII – LA FIGURE DE HUNTLEY

Raisonnement moderne

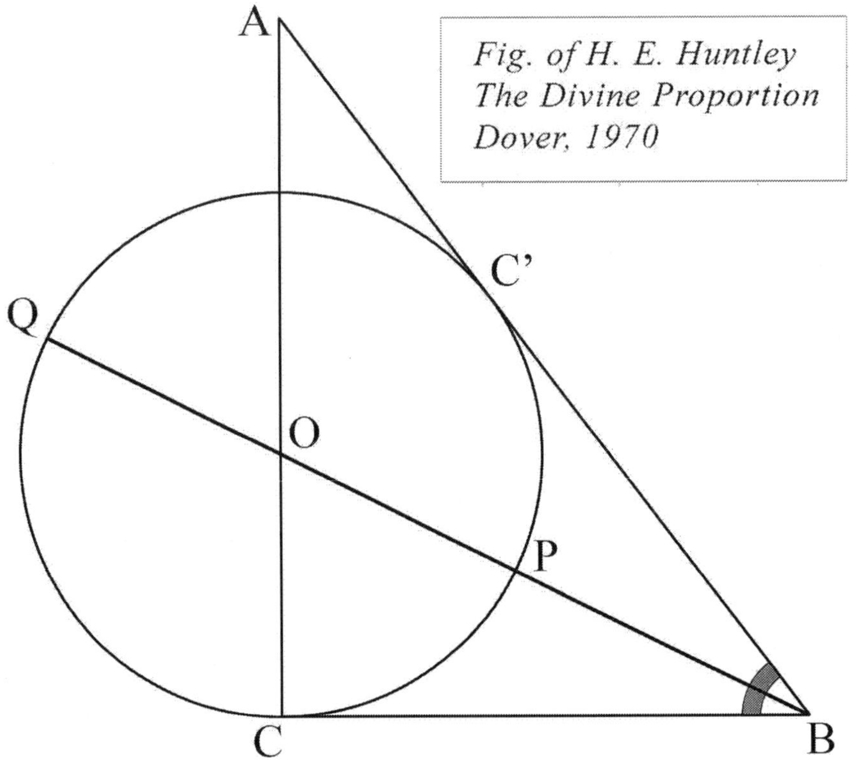

Fig. 68 : H. E. Huntley, The divine proportion, Dover, 1970

Soit un cercle de diamètre 3, construit au point de croisement de la bissectrice dorée et de la *cathète* 4. H. E. Huntley passe par le calcul pour démontrer que le rapport de ce cercle et du résidu qu'il laisse par son retrait sur la bissectrice vaut φ. QP/PB = φ

Huntley utilise « la puissance » d'un point pour montrer que le cercle de 3 est tangent à l'hypoténuse. Cependant nous n'avons que nos yeux pour comprendre. La géométrie avec les yeux est au calcul ce que le vélo est à la voiture – mais on ne loupe rien du paysage. En fait, le point intéressant n'est pas le rapport du cercle et de son résidu. La valeur arithmétique de 3/φ est même un peu *barbare*. Par contre l y a 3 sections dorées. On connaît les 2φ depuis le sommet, et l'on découvre une présentation élégante de son prolongement de φ.

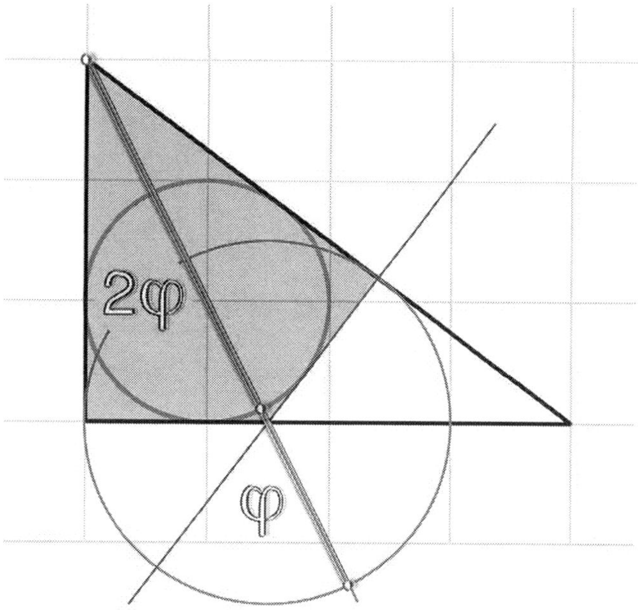

Fig. 69 : Les trois mesures dorées de la bissectrice

Raisonnement pythagoricien

Le cerf-volant se forme par symétrie du triangle de Pinwheel
L = 3/2 H = 3 hypoténuse = $(3/2)\sqrt{5} = 3\sqrt{5}/2$
Le grand cercle a pour rayon 3/2,
La somme est de $3/2 + 3\sqrt{5}/2 = 3\,[\,(1 + \sqrt{5})/2\,]$ soit 3φ

Raisonnement avec les yeux

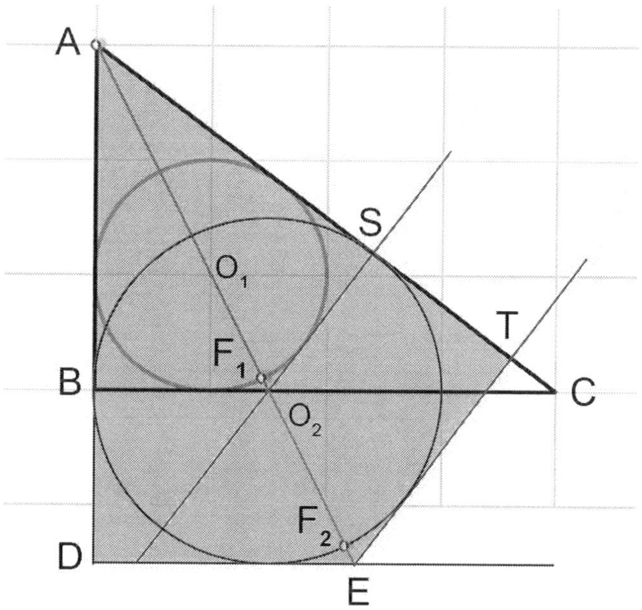

Fig. 70 : Les deux cerfs-volants semblables

Soit le cercle de diamètre 3 de centre O_2
Soit le triangle de pinwheel ABO_2
Soit son symétrique AOS, par rapport à la bissectrice AE

L'angle est droit en B => Angle droit en S

—> S est le point de tangence du cercle de centre O_2

Soit D le point sur la droite (AB) tel que :
DE, à angle droit, soit tangent au grand cercle

ABO2 et ADE ont les mêmes angles

—> Ils sont semblables, triangles de pinwheel
—> ABO_2S et ADET sont semblables
=> AF_1/ rayon du cercle de O_1 = AF_2/ rayon du cercle de O_2
$AF_1/1 = 2\varphi/1 = AF_2/(3/2)$ $AF_2 = 2\varphi \,.\, 3/2 = 3\varphi$

Ce Qu'il Fallait Montrer

La nécessité du calcul

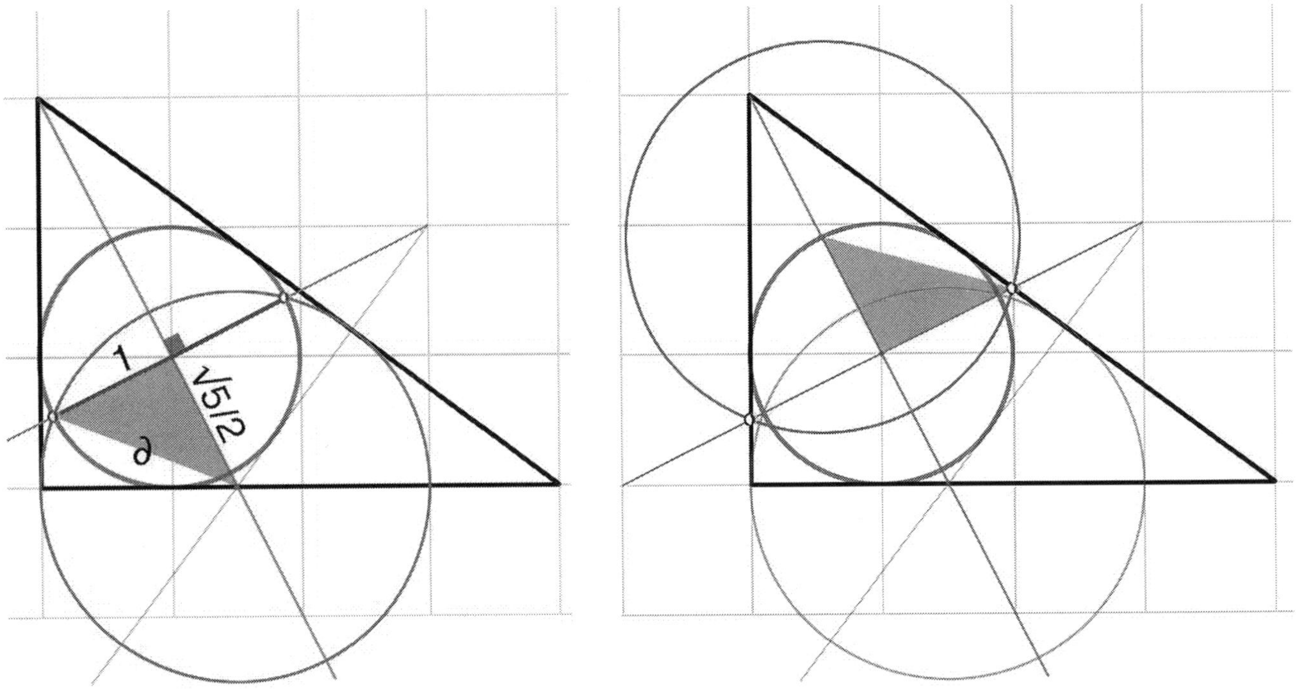

Fig. 71 a et b : La nécessité de Pythagore pour résoudre certains problèmes

À gauche, le cercle inscrit et le grand cercle semblent se croiser sur la perpendiculaire – au centre du premier. À droite, le second grand cercle en haut semble croiser cette perpendiculaire sur le triangle. Mais pour le moment, il n'y a pas de solution « juste avec les yeux ».

Prolongement

On peut faire le parallèle entre les figures de cette liste de triangles rectangles : comment construire une racine à la règle et au compas ?

a	$\sqrt{(a+b)}$	b	avec a < b
1	$\sqrt{3}$	2	
2	$\sqrt{5}$	3	
3	$\sqrt{7}$	4	

C'est l'occasion d'introduire la formule polynomiale

a $\sqrt{(2a+1)}$ a +1

soit : $a^2 + (2a+1) = (a+1)^2$

Figure complémentaire

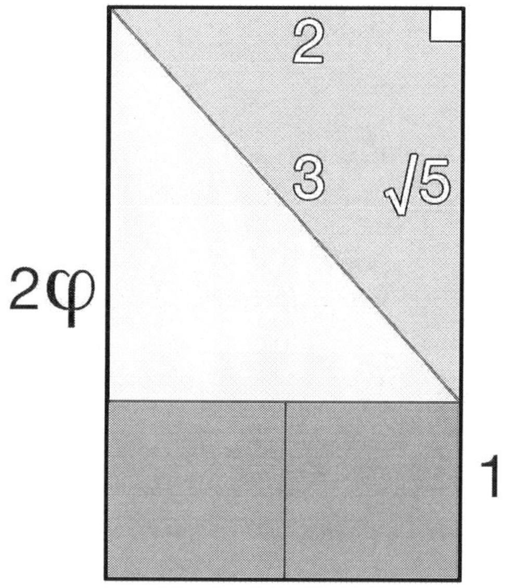

Fig. 72 : Construction de Robert Vincent

Le triangle 2-$\sqrt{5}$-3 nous permet de construire simplement un rectangle doré de largeur 2.
http://www.apmep.fr/ADa2-Le-Nombre-d-Or-traces-avec-la

La géométrie avec les yeux est née avant l'écriture, sans laquelle le calcul semble impossible. Si l'état d'esprit de sa pratique reste le même, il est évident que les géomètres sacrés ont profité des apports du calcul au fil du temps, particulièrement les Byzantins, pour vérifier des propositions comme celles qui sont exposées dans ce chapitre.

VIII – LA LETTRE G DU TYMPAN DE CONQUES

Nous venons de consacrer quatre chapitres au nombre d'or (intitulés de IV à VII). La géométrie de quadrillage tournerait-elle autour de ce principe, comme nombre de publications invitent à le croire ?

Longtemps, très longtemps, on a cru que la Terre était habitée exclusivement par des hommes. Et on s'est rendu compte que la moitié des hommes sont des femmes. En serait-il de même pour les figures et les principes de la géométrie dite *sacrée* ? Les pirouettes magiques du nombre d'or ont littéralement occulté la richesse d'un autre *genre* de valeur : la racine de trois.

Le propos de cet ouvrage est de reconstituer, pierre par pierre, un corpus de géométrie avec une cohérence mathématique. Il ne peut cependant pas ignorer les projections de cette base théorique dans l'art et l'architecture. On apprend beaucoup sur l'outil en visitant ses œuvres.

C'est ce que nous allons faire en étudiant un bel exemple de l'art roman dans l'abbatiale Sainte-Foy de Conques. La figure qui a mobilisé toute notre attention est une lettre gravée dans la pierre. Cette inscription lapidaire (épigraphique) appartient au texte latin qui cloisonne le célèbre tympan de Conques. La lettre G majuscule que nous allons étudier est la première du mot latin GLORIA. Il s'inscrit dans un ensemble de deux vers, ici traduits en français, où le G est en quelque sorte la charnière :

Ainsi sont donnés aux élus conduits aux joies du ciel,
***la Gloire**, la paix, le repos, le jour sans fin*

Ce mot est au pied de Dadon. Seigneur puis ermite de Conques, il a affronté et vaincu les Maures en 730. Cette lettre gravée est unique en son genre. La géométrie sacrée est habituée aux marques de composition, mais ces signes sont neutres par nature. Ils ne participent à aucun type de discours, qu'il soit narratif, esthétique ou didactique. Leur rôle est de certifier les compositions aux yeux du lecteur.

1 – Une leçon de géométrie

Ce savoir n'est écrit nulle part ailleurs que dans les œuvres elles-mêmes, et c'est l'objet de grands débats. Dans le cas présent, non seulement le texte envahit le tympan, mais surtout il recèle une authentique leçon de géométrie sacrée. Ce cas est un *unicum*.

Fig. 73 : Situation de la lettre G

En résumé, le maître du tympan affirme que si l'on retranche un carré à un rectangle de proportion √3, le résidu n'est pas une figure banale : ce rectangle a pour proportion (1+√3)/2. Ce ratio, très usité en architecture, s'obtient en combinant le cercle au triangle équilatéral. La proportion est ici notée *H*, et elle en trouvera bientôt une autre.

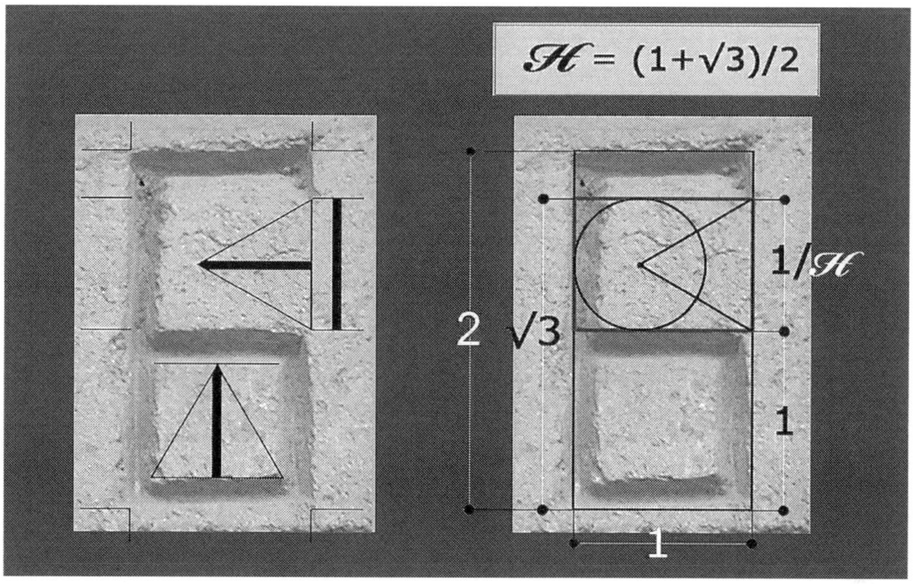

Fig. 74 : Les proportions de l'inscription épigraphique

Une longue et minutieuse étude écarte l'éventualité d'une sur-interprétation. L'ensemble des traits ici identifiés en tant que proportions sont beaucoup trop précis. Pour affirmer le triangle équilatéral, le maître du tympan pose dans la partie inférieure un *faux carré* dont la hauteur est celle du triangle (le côté du triangle est explicite dans la partie haute de la figure). L'inspiration et le hasard n'auraient pas ce talent pédagogique.

2 – Dialogue de mathématiciens avec les IREM

Les « Monstrations de Conques » sont une formidable expérience. Les pédagogues ont nourri la composition de leurs propositions, et les lignes de la géométrie qui paraissaient si familières ont gagné un autre statut. À l'image du dialogue entre la Grèce (qui nous a légué la démocratie et la pédagogie), et puis l'Égypte (où le sacré est devenu un art). Est-ce un hasard si cet échange a choisi la racine du Ciel ?

Un vocabulaire approprié

Les Égyptiens pensent la proportion des rectangles à travers leur diagonale, plus précisément leur angle. Jean-Paul Guichard nous rappelle que le rectangle de proportion √3 choisit le côté d'un triangle équilatéral. Pour rendre la chose évidente, on l'appellera Δ ! En outre, cela rappelle qu'un rectangle de proportion √3 est l'assemblage des deux moitiés d'un triangle équilatéral.

Le choix de son écho géométrique Δ' [pour désigner la proportion (1+√3)/2] intègre des considérations algébriques. La série de nombres de leurs réduites est une sorte de “code génétique” :

Δ <•> √3 = [1, 1, 2, 1, 2, etc.]
Δ' <•> (1+√3)/2 = [1, 2, 1, 2, 1, 2 etc.]
φ <•> (1+√5)/2 = [1, 1, 1, 1, 1, 1 etc.] *pour information*

Un carrefour de propriétés

Plusieurs propriétés de la racine de trois se révèlent équivalentes, et chacune peut être prise pour définition (par Jean-Paul Guichard).

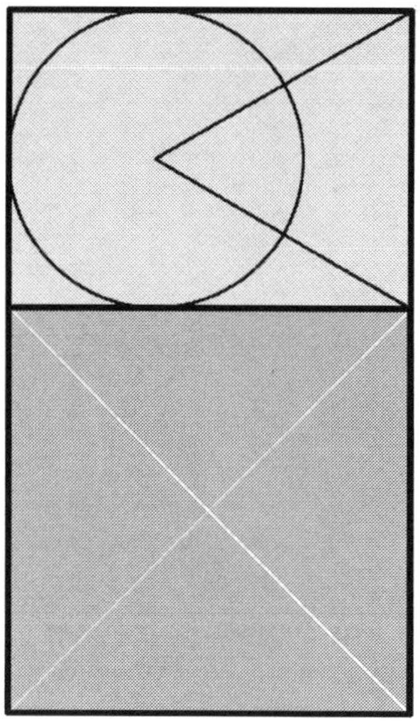

Fig. 75 ***a*** *: Définition de Conques*

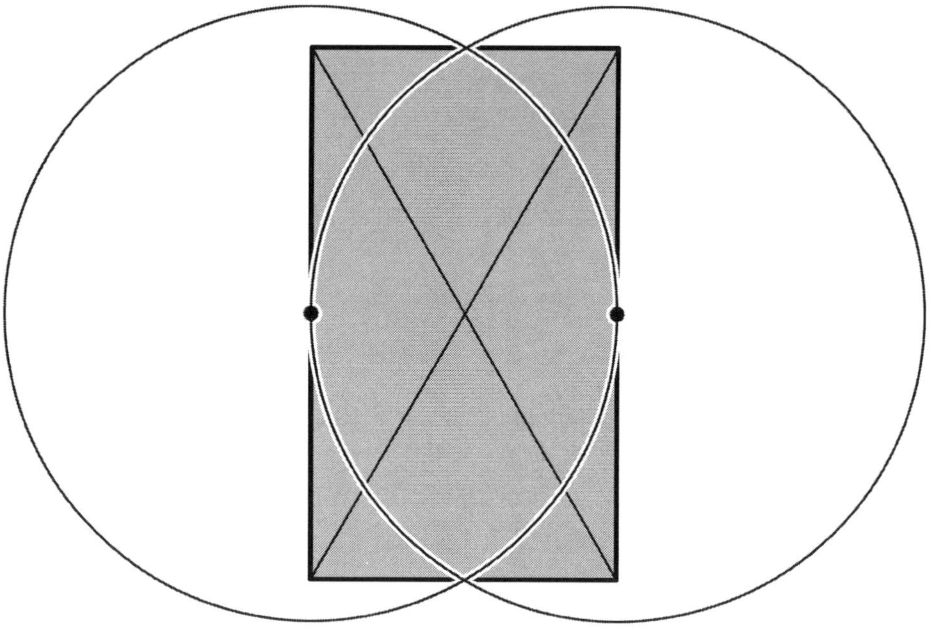

Fig. 75 ***b*** *: Définition selon la Vesica Piscis*

Trois définitions de la racine de trois comme proportion

Nous pouvons définir la proportion √3 comme celle d'un rectangle :

Fig. 75 a – Construit à la manière de Conques. Un carré surmonté d'une figure alliant le triangle équilatéral et le cercle (rappelons que cette figure, inscrite dans un rectangle de type Δ', est un classique de l'architecture. Nombre de portes de manoirs s'en servent comme gabarit).

Fig. 75 b – Le rectangle circonscrit à l'amande de la Vesica Piscis. Ou encore d'un losange formé de deux triangles équilatéraux placés tête bêche en losange, ou comme ici en sablier.

Fig. 76 a – Un rectangle ayant pour hauteur deux fois celle d'un triangle équilatéral, et pour largeur son côté. Ici le rectangle ABKC. Cette figure est inscrite dans celle de Conques, ce qui met en évidence la coïncidence du point J sur la diagonale (propriété abordée plus loin).

Fig. 76 b – *Le nombre d'or a également plusieurs définitions potentielles, mais une seule peut être considérée comme originelle : Le petit angle de la diagonale d'un rectangle doré fait la moitié du grand angle de la diagonale d'un double carré.* Cette définition énonce le procédé de construction et pas seulement une propriété.

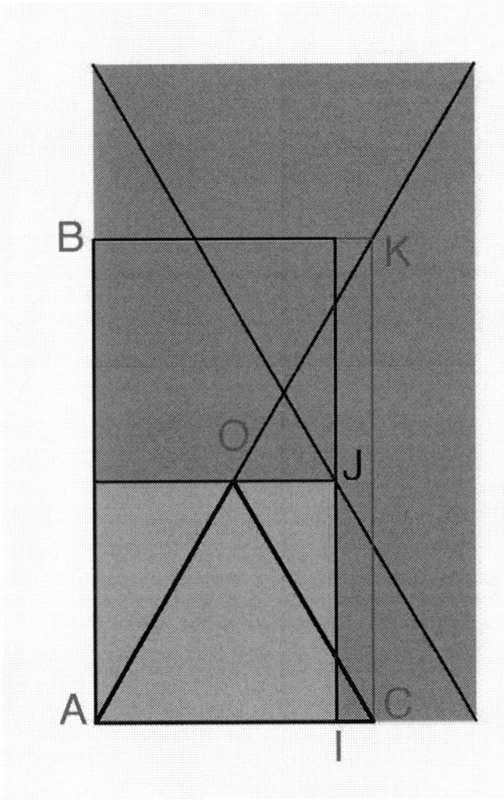

Fig. 76 ***a*** *: Deux triangles équilatéraux*

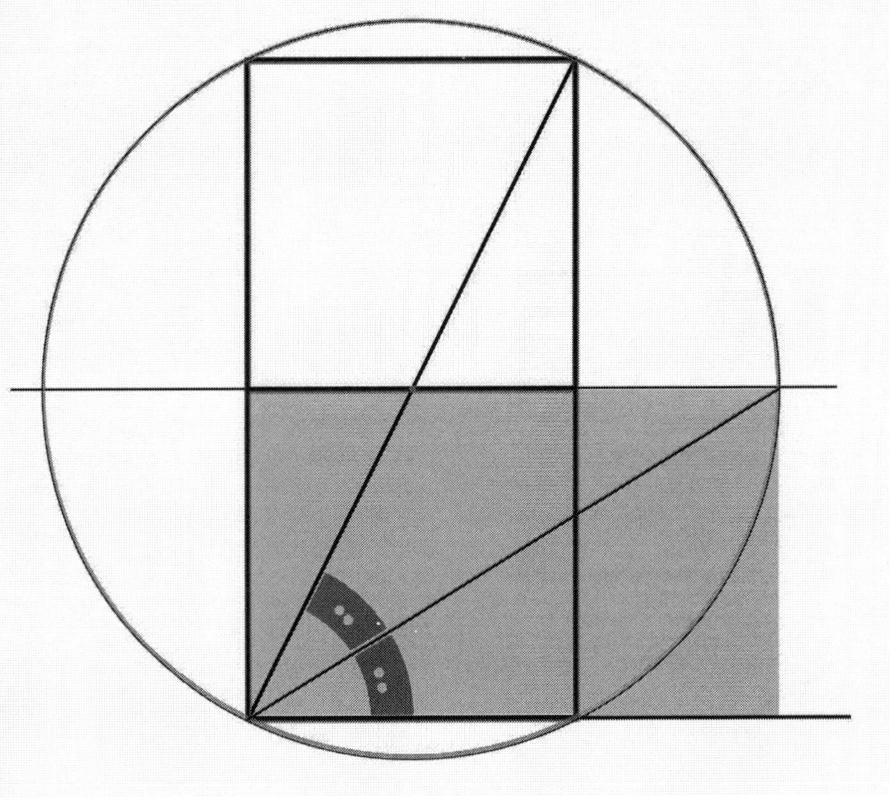

Fig. 76 ***b*** *: Construction du nombre d'or*

3 – Monstrations “à l'égyptienne”

La première figure

Fig. 77 a – Voici la première figure telle qu'elle s'est révélée au cours de l'étude du tympan de Conques. Cette « monstration » ou démonstration pour les yeux (sans calcul) est la plus directe. Restait un travail didactique qui nous permettra d'entrer dans l'intimité de la figure.

L'on voit ici la propriété duale qui régit les rectangles de type Δ et Δ' :

Ajout d' un carré à Δ' => Δ
Retrait d'un carré à Δ => Δ'

Cette propriété est à mettre en parallèle avec celle du nombre d'or :

Ajout d' un carré à φ => φ
Retrait d'un carré à φ => φ

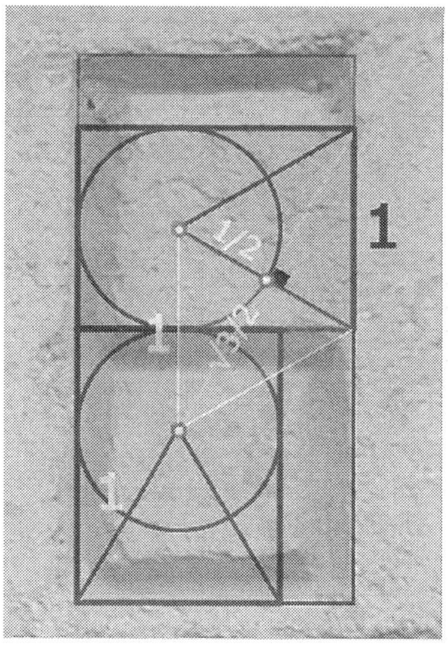

*Fig. 77 **a** : Première figure*

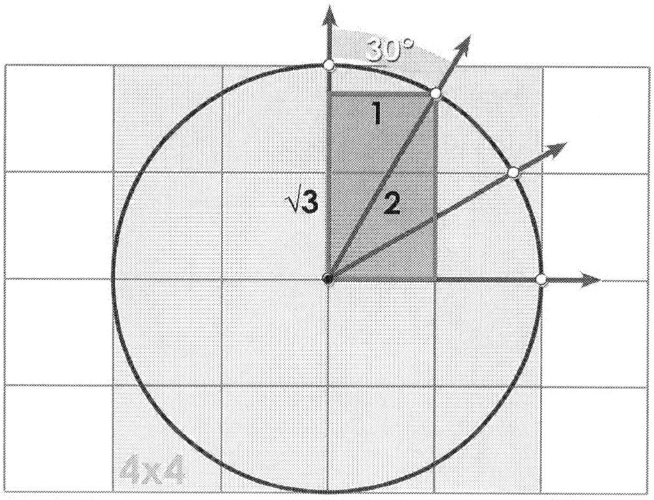

*Fig. 77 **b** : Cercle de 4 sur carré de 4x4*

Fig. 77 b – En termes de proportions, la √3 est le résultat d'un calcul du type H/L = √3. Pour la géométrie avec les yeux, la proportion √3 est l'angle de la diagonale d'un rectangle de proportion √3. Cette droite est le résultat de la trisection de l'angle droit, avec 30° d'un côté et 60° de l'autre. Cette trisection s'obtient facilement avec un cercle de diamètre 4 sur un carré de 4x4.

Monstration des rapports Δ et Δ'

Fig. 78 a – Le rectangle de type Δ

La somme des angles d'un triangle est de 180°. Le triangle équilatéral a trois angles de 60°. Coupé par la moitié à angle droit (médiatrice), on obtient deux triangles rectangles 30° - 60° - 90°. Le rectangle de proportion √3 « avec les yeux » est la somme de deux triangles équilatéraux réunis tête bêche. Ce rectangle est qualifié de type Δ pour rappeler son triangle.

Fig. 78 b – Construisons un carré

Construisons un carré de côté "1/2 + ∂". Appelons ∂ la hauteur d'un triangle équilatéral de côté 1. **Utilisons deux triangles de côtés 1**

On peut placer ainsi deux triangles en continu. L'un à la base pointe en haut, et l'autre à partir de sa pointe O, à cheval sur la ligne du sommet.

Hauteur du carré = IO + OJ = ∂+ 1/2
Largeur du carré = BJ + JC = 1/2+ ∂
NB :
l'égalité des angles en O montre deux angles droits au points I et J.

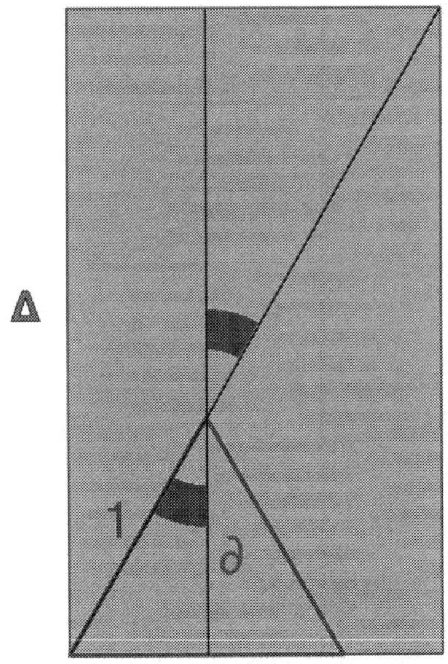

*Fig. 78 **a** : Rectangle Δ*

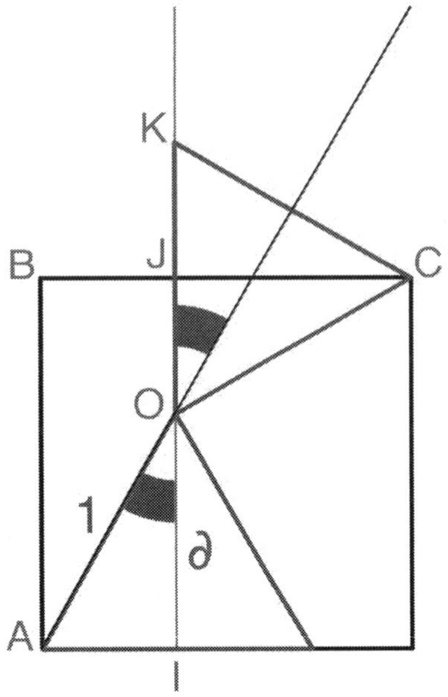

*Fig. 78 **b** : Carré malin*

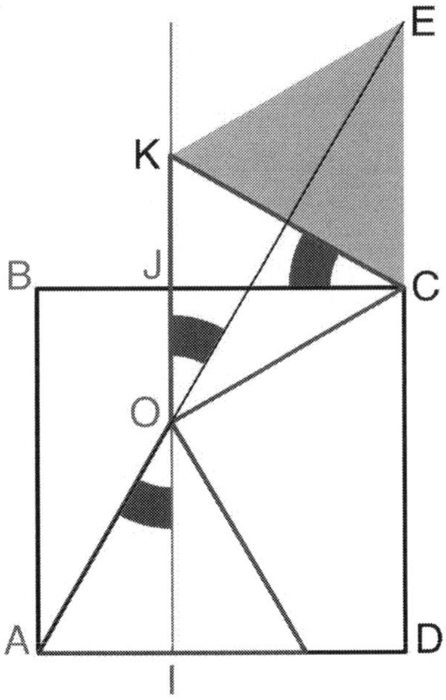

*Fig. 78 **c** : Le troisième triangle*

Fig. 78 c – Le troisième triangle

Construisons un troisième triangle équilatéral, de côté 1, collé à KC et pointant son sommet en E.
L'angle Â1 (= BCK) est de 30°
L'angle Â2 (=KCE) est de 60°
donc
l'angle Â3 (=BCE) est droit
D, C et E sont donc alignés à la verticale

La droite qui part de A à 60° de l'horizontale passe par O selon le premier triangle.

Ensuite, elle passe par le milieu de KC selon le deuxième triangle - puisqu'elle fait un angle de 30° avec la verticale. Elle est donc la médiatrice du troisième triangle KCE.

Le rectangle de type Δ’

Δ’

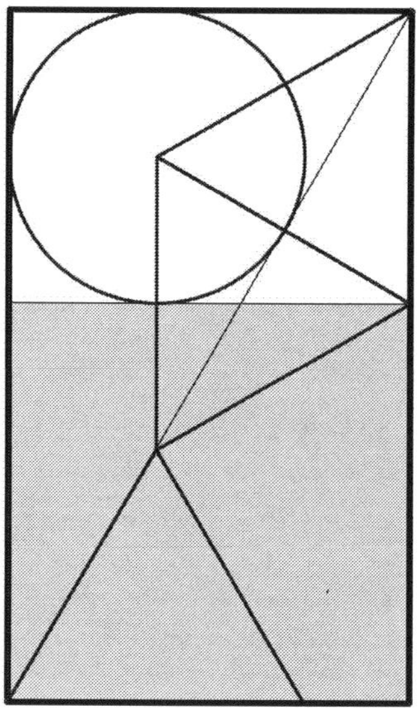

Fig. 79 : Le rectangle de type Δ’

Or par son angle, la grande droite est la diagonale d’un rectangle de type Δ. On peut donc énoncer que dans tout rectangle de type Δ, *le résidu du retrait d’un carré comprend un triangle équilatéral complété d’un cercle de diamètre égal à son côté.*

NB : la partie haute de la figure, le rectangle qui se superpose au carré, est appelé de type Δ’, pour rappeler sa liaison à celui de type Δ.

Le passage à la réalité algébrique (Fig. 78 c)

Le théorème de Pythagore, plus que jamais *théorème de la diagonale*, nous dit que $\partial = \sqrt{3}/2$ — puisque le demi-triangle a pour hypoténuse 1 et pour petit côté 1/2.

Selon quoi le grand rectangle a pour proportion $\sqrt{3}$ et le résidu du retrait d’un carré a pour ratio $(1+\sqrt{3})/2$.

NB : Les mensurations du grand rectangle sont :

Largeur AI + ID = BJ + JC = $1/2 + \partial = (1+\sqrt{3})/2$

Hauteur DC + CE = BC + CE = $(1/2 + \partial) + 1 = (1+\sqrt{3})/2 + 1$

Si on appelle $H = (1+\sqrt{3})/2$

$H\sqrt{3} = H + 1$

Cette équation est à rapprocher de :

$\varphi^2 = \varphi + 1$

Figure subsidiaire – 1

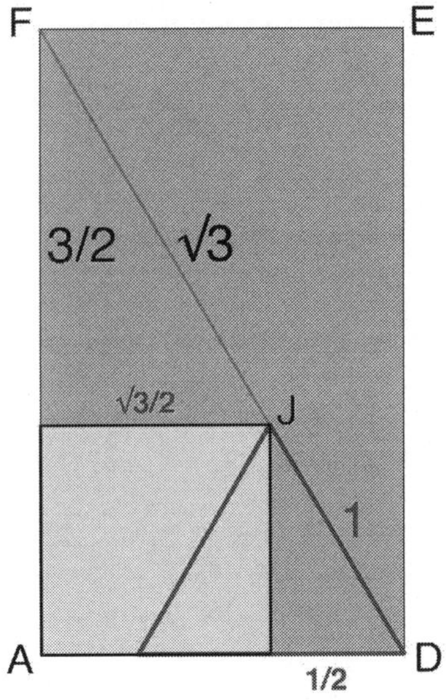

Fig. 80 : Figure subsidiaire ***n° 1***

Cette figure est un des bénéfices de l'échange, quand la pédagogie et la recherche croisent leur expérience. La troisième définition de la proportion √3 met en évidence une particularité de la figure de Conques. Le carré ici souligné touche une diagonale au point J.

C'est l'occasion de construire une figure didactique où deux triangles semblables se confrontent. En haut l'hypoténuse du triangle est irrationnelle face à une verticale de valeur rationnelle — √3 face à 3/2. En bas c'est l'inverse, 1 est face à √3/2.

La monstration de cette figure est dans sa construction.

Soit 1 le côté du triangle équilatéral indiqué par le maître de Conques. On sait que la figure mesure en largeur ∂ + 1/2. [où ∂ est la hauteur du triangle. Algébriquement, $\partial = \sqrt{3}/2$]

Construisons un carré de côté ∂, et plaçons le triangle de façon verticale à cheval sur son côté droit. L'ensemble de ces deux figures prend toute la largeur, AD = ∂ + 1/2.

La diagonale du rectangle de type Δ, de proportion √3, se confond « par définition » avec le côté du triangle. Le point J est donc bien sur la diagonale du rectangle.

Les comptes sont alors simplifiés.

Tout demi triangle équilatéral, rectangle, a pour petit côté a, pour hypoténuse 2a et pour verticale a√3 (= 2a.∂).
La hauteur de la figure est de (∂ + 1/2) + 1, soit ∂ + 3/2 = √3/2 + 3/2
La diagonale mesure 2 (∂ + 1/2) = 2∂ + 1 = √3 + 1

Figure subsidiaire – 2

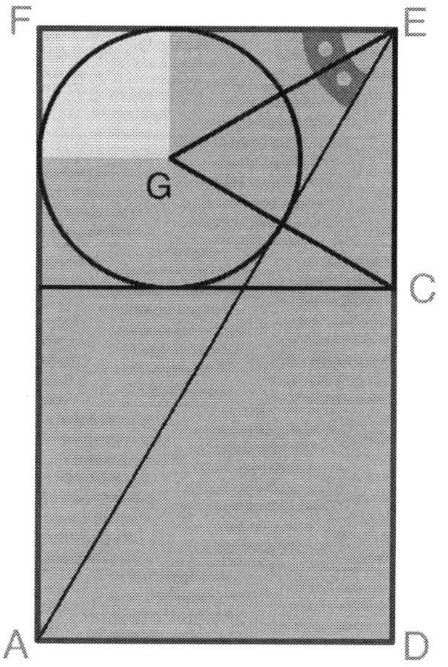

Fig. 81 : Figure subsidiaire ***n° 2***

Le cercle inscrit au rectangle de type Δ' est égal au cercle inscrit au triangle que dessine la diagonale du rectangle de type Δ.

Un cercle de diamètre 1 est tracé au sommet G du triangle équilatéral de côté 1.

La diagonale EA du rectangle AFED est à 60° de FE et G est bien sur la bissectrice de l'angle Â1 = FEA.
G est aussi sur la bissectrice de l'angle droit en F.
Il est à égale distance des lignes FE et FA.
G est sur les bissectrices de deux angles du triangle FEA.
C'est donc le centre de son cercle inscrit.

Le cercle de rayon 1/2 est tangent aux trois côtés du triangle FEA. Par définition, pour les côtés du rectangle Δ' supérieur.
Ensuite la diagonale AE est aussi la médiatrice du triangle GEC.
Elle coupe le segment GC à angle droit en son milieu.
Le cercle est donc tangent à AE en ce point.

Résumé symbolique

Le carré de base, inscrit, du rectangle de type Δ nous montre *par différence* le côté du triangle équilatéral du rectangle de type Δ'.

Le cercle inscrit au triangle moitié du rectangle Δ nous donne *directement* par son diamètre, le côté de ce triangle équilatéral.

Ces deux faits mathématiques expliquent pourquoi la construction de Conques n'a pas échappé aux Anciens (à la géométrie avec les yeux), autant que leur fascination envers cette proportion.

4 – Les monstrations "à la Euclide"

La pédagogie d'Euclide au service de l'histoire

Mes collègues de l'IREM ont produit des démonstrations que je rapprocherais de celles d'Euclide quand il présente le théorème de Pythagore ou la section dorée. Euclide profite de cette occasion pour révéler les profondeurs de la géométrie, et particulièrement les liens qui la conduisent à l'algèbre.

Ces développements sont particulièrement précieux pour l'avenir de la géométrie avec les yeux. Outre l'intérêt pédagogique de ces exercices, il est probable que dans ce foisonnement de propositions nous trouverons les éléments qui nous permettront de comprendre comment les hommes sont passés de la géométrie pure au calcul.

La tablette Plimpton 322

Pour exemple la tablette Plimpton 322, qui énonce une série tronquée de triplets pythagoriciens. Raphaël Legoy a reconstitué la partie manquante de ce listing, grâce à quoi une colonne de nombres premiers apparaît (assez embarrassante pour tout "cerveau rationnel").

L'origine de ce savoir semble typique d'une géométrie de quadrillage. Les raisonnements qui construisent la série de Plimpton sont accessibles à la géométrie avec les yeux. La tablette présente des triangles entiers, du plus pointu au plus carré sans en oublier aucun. Les nombres premiers qui apparaissent par simple différence entre deux colonnes pourraient révéler quelques secrets.

Monstration de Frédéric de Ligt

Comment montrer qu'un rectangle Δ est la somme d'un carré et d'un rectangle Δ' ?

Monstration de Frédéric de Ligt

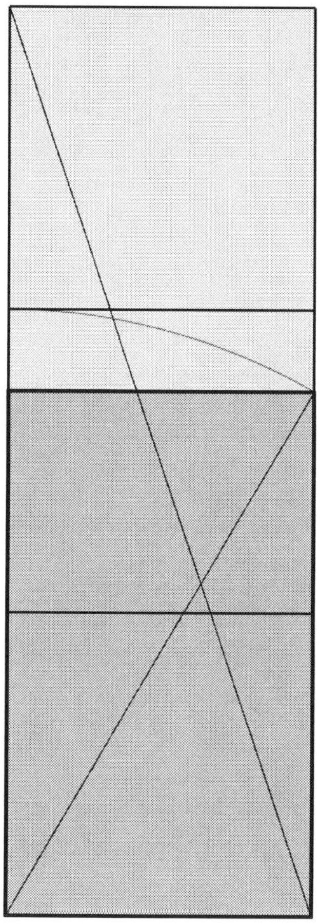

Fig. 82 ***a***

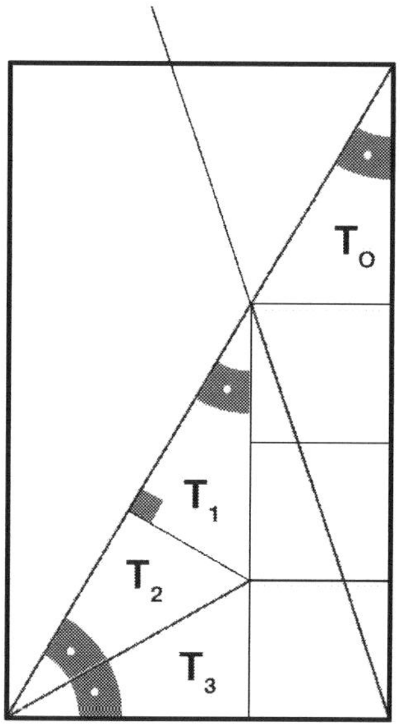

Fig. 82 ***b***

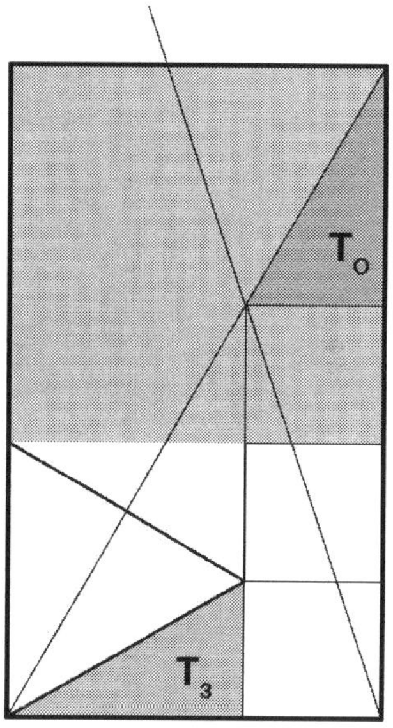

Fig. 82 ***c***

Fig. 82 a – À l'intérieur d'un triple-carré vertical, l'on rabat la verticale d'un double-carré — qui devient diagonale d'un rectangle Δ. Les deux diagonales se croisent en un point qui nous permet de construire un triple carré jusqu'en bas. Le côté de ces carrés va servir d'unité.

Fig. 82 b – Construisons T_1 avec un angle à 30° de la verticale, et une hypoténuse de 2 carrés. T_1 est un demi triangle équilatéral. Son petit côté, à angle droit de la grande ligne, est donc de 1. T_1 et T_0 sont isométriques. Pour l'instant, nous savons que le triangle T_2 qui va chercher l'angle tout en bas, a un petit côté de mesure 1.

T_2 et T_3 forment un cerf-volant. Mêmes côtés de 1 et angle droit. Or on connaît la somme de leurs angles en bas, 60°. Le petit angle de T_2 et T_3 est donc de 30°, et leur hypoténuse mesure donc 2.

T_2 et T_3 sont isométriques à T_1 et T_0, tous moitiés de triangles équilatéraux de côté 2.

Fig. 82 c – Il est alors facile de construire un triangle équilatéral de côté 2 s'appuyant sur le côté du rectangle Δ. La largeur du grand rectangle Δ est donc de 1 plus la hauteur du triangle. Enfin, l'on voit apparaître un carré parfait au-dessus de ce triangle et du double carré.

Décomposition de l'hexagramme

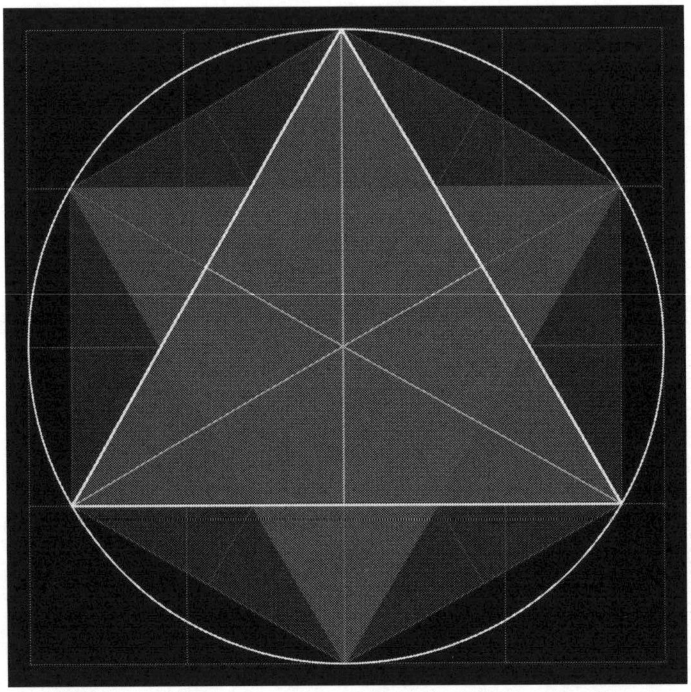

Fig. 83 : La décomposition de l'Hexagramme

Une figure générique met en évidence ces "triangles moitié". Elle est construite à l'égyptienne, avec un cercle de diamètre 4 sur un carré de 4x4. À cette occasion, l'on comprend que l'hexagramme est formé de deux triangles équilatéraux qui mettent en commun leur centres de gravité, de cercle inscrit et circonscrit, ainsi que leurs axes de symétrie.

Monstration de Dominique Gaud

Comment montrer qu'un rectangle Δ est la somme d'un carré et d'un rectangle Δ' ?

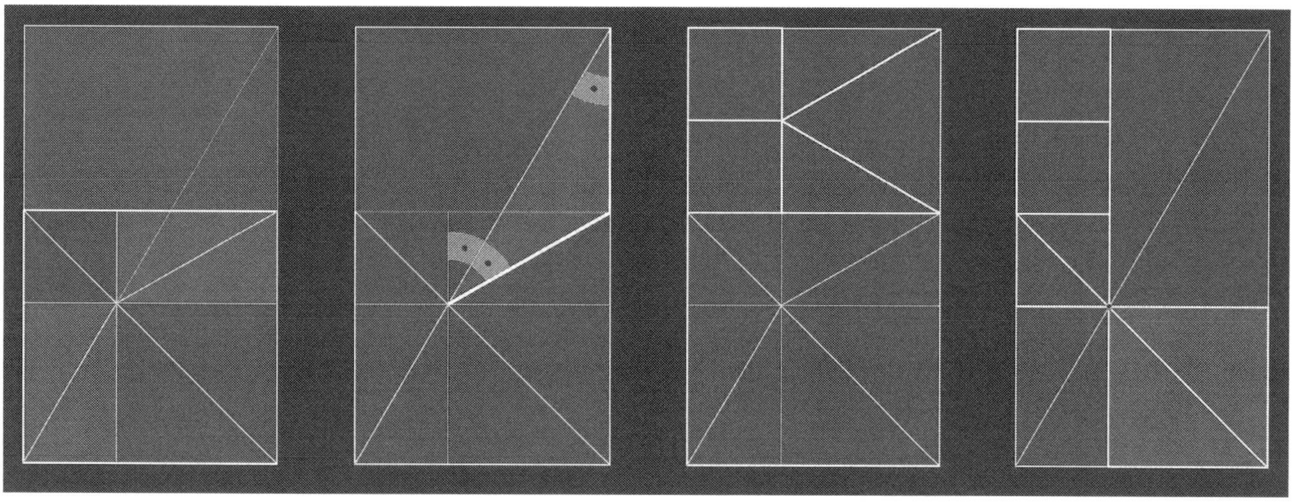

Fig. 84 **a** — Fig. 84 **b** — Fig. 84 **c** — Fig. 84 **d**

Fig. 84 a – Soit un rectangle Δ, et sa diagonale.
Soit son carré inscrit, et sa diagonale.
Soient la verticale et l'horizontale au point de croisement des deux diagonales.

La diagonale du carré (45°= 90°/2), est l'axe de symétrie des carrés et rectangles ainsi dessinés.
Les diagonales des deux rectangles sont donc symétriques, et le rectangle horizontal est Δ, puisque le vertical est Δ.

Fig. 84 b – Le grand angle de la diagonale d'un rectangle Δ est de 60°. La grande diagonale est à 30°. L'angle entre la petite diagonale et la grande est donc de 30°.

Le triangle ici distingué en gris clair est isocèle, puisqu'il a deux angles égaux à 30°. La hauteur du rectangle résiduel est donc égale à la diagonale du petit rectangle.

Fig. 84c – Pour achever la figure de Conques, il suffit de tracer les diagonales de deux rectangles Δ superposés et ainsi constituer un triangle équilatéral (face à deux carrés de même hauteur). L'on retrouve en filigrane le triple-carré de la monstration de F. de Ligt.

Fig. 84d – Point fort de cette monstration

Cette monstration met en action le point J du rectangle Δ, à la fois comme angle du carré accordé à la hauteur du triangle et comme angle du triple carré déjà cité. Cela permet de trouver une autre propriété de Δ.

Monstration de conclusion

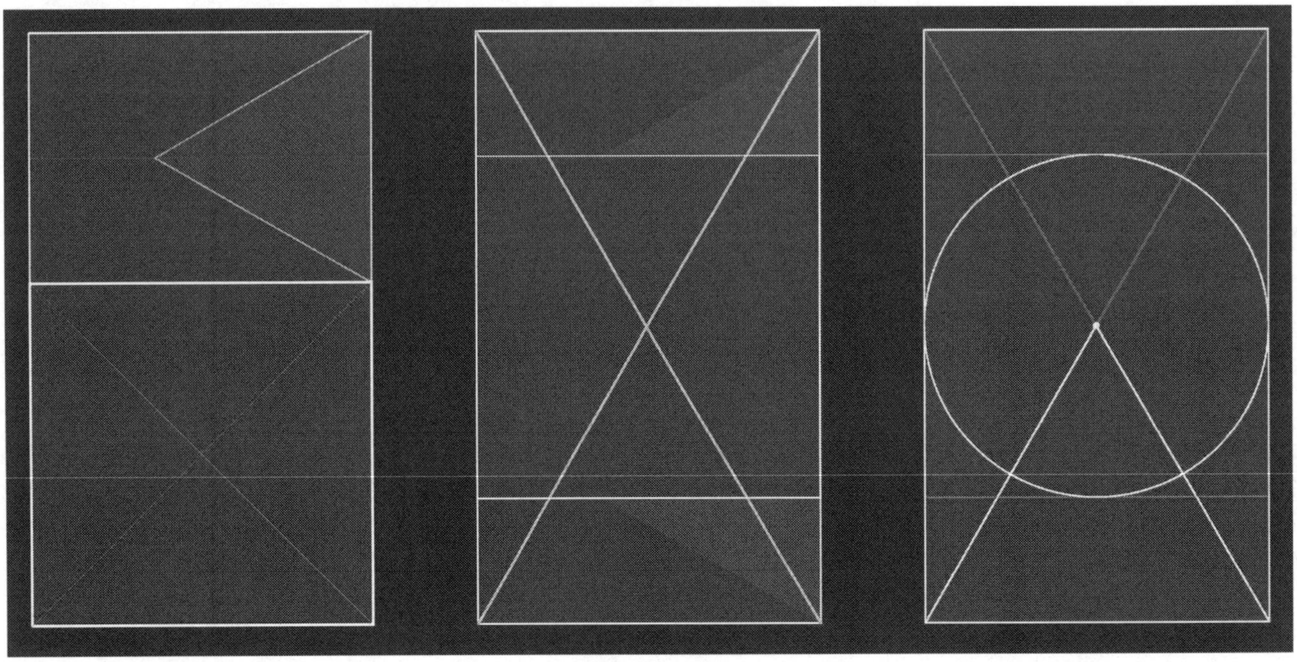

Fig. 85 ***a*** *Fig. 85* ***b*** *Fig. 85* ***c***

Ce qui aurait pu échapper...

Fig. 85 a – Considérons les deux bandes au-dessus du carré inscrit au rectangle Δ. Elles correspondent chacune à la moitié du triangle - hauteur 1/2.

Fig. 85 b – Déplaçons une de ces bandes en bas du rectangle Δ.

Fig. 85 c – On retrouve le triangle et le cercle. Une des définitions du rectangle Δ'.

5 – Récapitulation

La √3 et φ, le nombre d'or

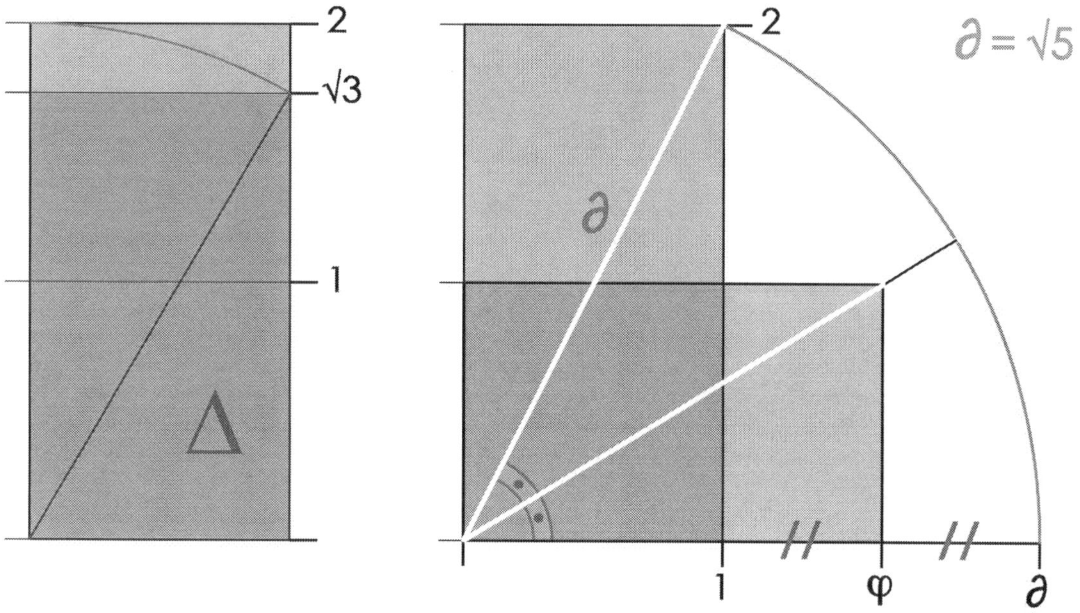

Fig. 86 (= Fig. 31) : Les diagonales qui produisent la √3 et φ

À gauche : La racine de trois s'obtient en rabattant le 2 du double-carré qui devient diagonale d'un rectangle qualifié de type Δ. On construit en effet un triangle rectangle de mesure 1 et √3, avec 2 pour hypoténuse. Et c'est la moitié d'un triangle équilatéral (d'où Δ).

À droite : Le nombre d'or s'obtient en coupant en deux l'angle de la diagonale d'un double-carré. La bissectrice croise l'horizontale du premier carré à la distance φ. C'est aussi la moyenne de 1 et de ∂, diagonale du double-carré (=√5).

Ces deux nombres naissent d'un même double-carré par un jeu de diagonales. Cette origine commune est le signe d'une parenté que la √3 confirme, tout aussi visuellement, grâce au carré.

La symbolique est le background de cette étude “objective”. Toutes ces structures sont dans des œuvres d'art dont elles portent le sens. Et justement, un faisceau de propriétés géométriques et algébriques indique que la racine de trois est de nature féminine face au nombre d'or, masculin. On peut résumer ce face-à-face à la Vesica Piscis de Vénus et au pentagramme de Mars.

Les rectangles de type Δ et Δ'

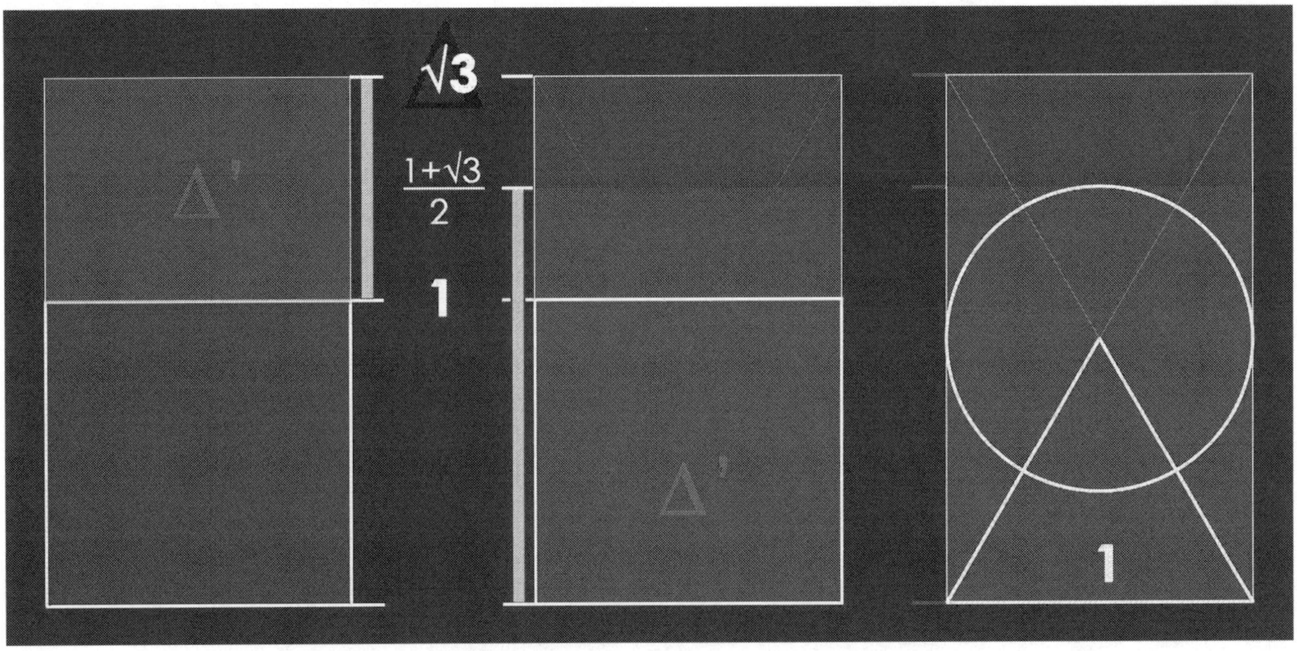

Fig. 87 : De la géométrie à l'algèbre

Plusieurs formules trouvent leur traduction dans la géométrie avec les yeux, comme ces deux façons de voir la proportion Δ'. On retire un carré à un rectangle de type Δ, ou l'on fait la moyenne du carré et du rectangle Δ.

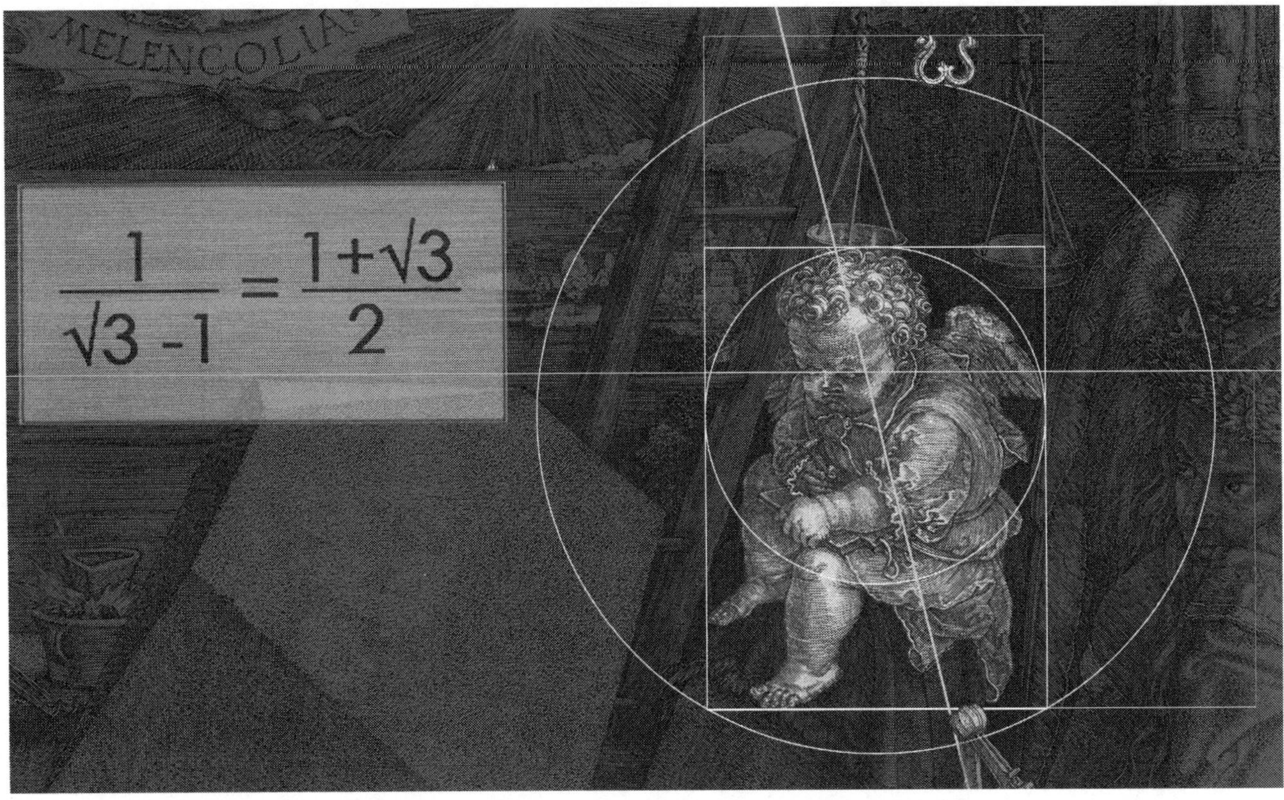

Fig. 88 : Cupidon de Melencolia (A. Dürer)

IX – LA GÉOMÉTRIE BABYLONIENNE

Sans présumer des échanges qui auraient permis aux Égyptiens d'acquérir des éléments mathématiques sumériens et babyloniens, ni de leur propre capacité à les développer par eux-mêmes, voici les développements du triangle rectangle en direction du calcul. C'est le fonds théorique nécessaire pour aborder par exemple la fameuse tablette Plimpton 322 et sa liste de nombres premiers.

1 – La trinité des angles du triangle

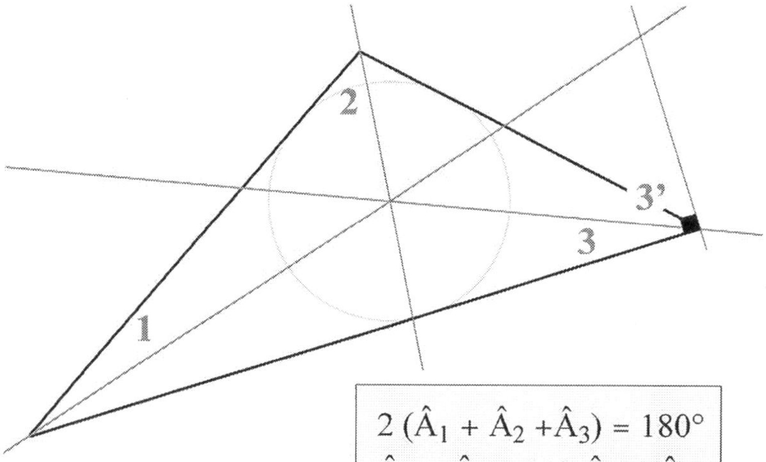

$$2\,(\hat{A}_1 + \hat{A}_2 + \hat{A}_3) = 180°$$
$$\hat{A}_1 + \hat{A}_2 = 90° - \hat{A}_3 = \hat{A}_{3'}$$

Fig. 89 : La somme des angles d'un triangle

Cette propriété était forcément connue des Égyptiens. C'est une conséquence directe de la somme des angles du triangle.

La somme des angles de deux bissectrices est égale à 90° moins l'angle de la troisième :

$$2\,[\,\hat{A}1 + \hat{A}2 + \hat{A}3\,] = 180°$$
$$\Leftrightarrow$$
$$\hat{A}1 + \hat{A}2 = 90° - \hat{A}3 = \hat{A}3'$$

2 – La *paragonale* des triangles rectangles

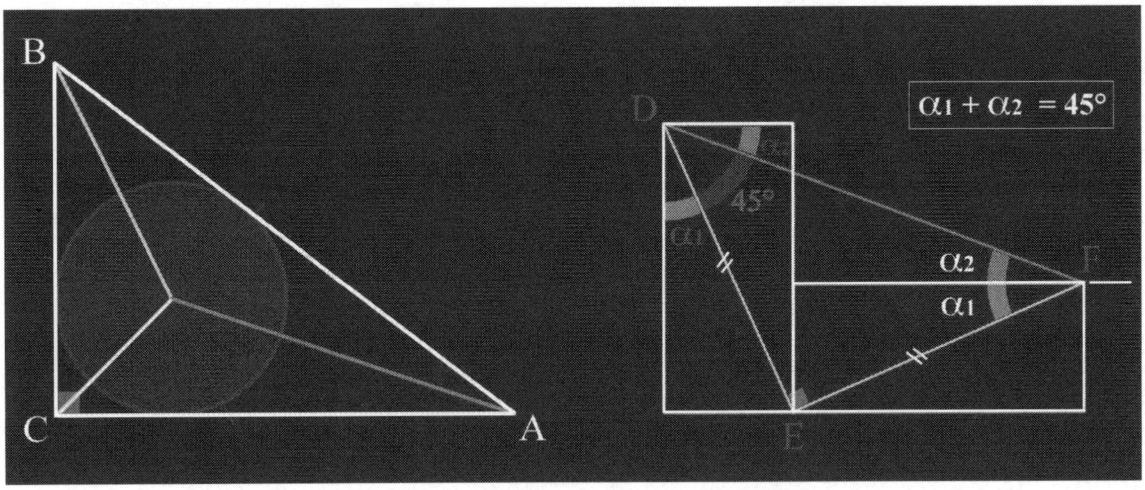

Fig. 90 : La « paragonale » d'un triangle rectangle (DF)

Soit un triangle rectangle ABC présenté dans sa position “classique”. On peut considérer que la bissectrice venant de B est la diagonale d'un rectangle vertical. Soit α1 le petit angle de cette bissectrice. L'on reprend alors ce rectangle, qualifié de « module », mais à l'horizontale, que l'on place dans son prolongement, à la base.

Un assemblage de deux modules permet de "trouver" simplement une bissectrice à partir de l'autre (hors celle de l'angle droit). Le triangle rectangle se résume ainsi aux deux valeurs que son angle droit permet de lire “directement”. Cependant, au lieu de considérer les mensurations apparentes du triangle, nous entrons dans sa structure interne.

Un triangle DEF apparaît, avec un angle droit donc deux angles à 45° = (180°-90°)/2. Or 45° est l'angle de la bissectrice de l'angle droit en C du triangle initial. C'est aussi 90°- 45°, le résultat de la somme des angles des deux autres bissectrices. Soit : la somme de α1 que nous avons défini, et de α2, angle de la bissectrice de A. EF fait donc avec l'horizontale l'angle de la bissectrice de l'angle en A. Raphaël Legoy a attribué le nom de *paragonale* à cette droite.

La seconde bissectrice d'un triangle rectangle s'obtient par rotation de 45° de la première (la troisième concernant l'angle droit).

Et α1 + α2 = 45°.

3 – La traduction du triangle en nombres

Sur leur quadrillage néolithique, les Sumériens ont étudié les triangles rectangles les plus accessibles, les plus petits, pour en “deviner les lois”: 3-4-5, 5-12-13, 7-24-25, 21-20-29 etc.

Avec ces exemples, le principe de la monstration que nous avons vu à propos du triangle 3-4-5 reste valable.

L'hypoténuse du triangle rectangle

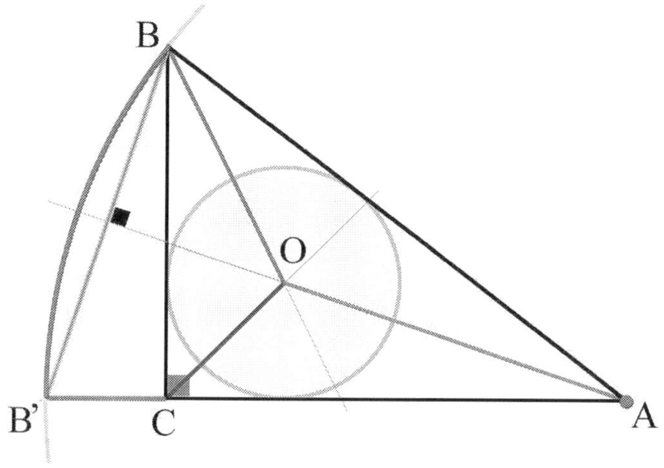

Fig. 91 : Report de l'hypoténuse

La première préoccupation fut de repérer les points du quadrillage qui constituent des triangles aux côtés entiers, particulièrement celui de l'hypoténuse. Les Anciens ont donc reporté au compas (à la corde) cette hypoténuse sur l'un des côtés (appelés *cathètes*), du triangle. Et ils ont essayé tous les rayons qu'ils étaient en mesure de tracer, pour identifier ceux qui croisent les points du quadrillage.

Ces exemples sont assez nombreux pour permettre de dresser des hypothèses sur les “lois” qui régissent leur constitution interne. À ce stade, on ne peut parler que de règles, puisque le champ reste limité à l'observable.

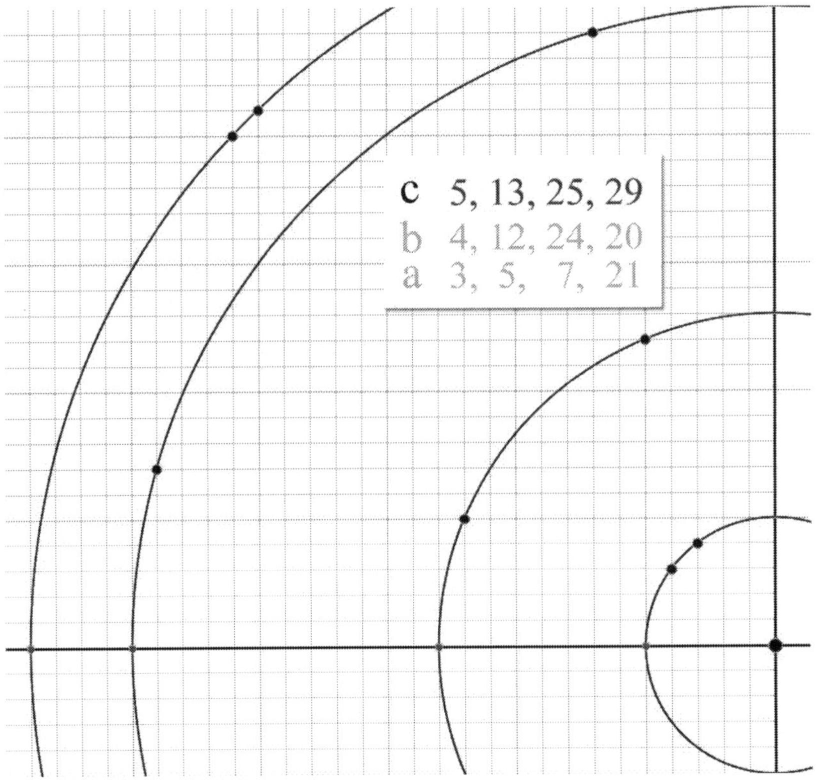

Fig. 92 : Report au compas de l'hypoténuse de triangles "entiers"

La géométrie avec les yeux néolithique est en mesure de dresser un catalogue restreint des triangles aux valeurs entières.

Les lois numériques du triangle rectangle

L'exemple ici choisi par Raphaël Legoy (le triangle 21-20-29) est suffisamment complexe pour identifier les lois du triangle rectangle. La question ne concerne pas seulement leurs mensurations, ni les rapports entre les angles, il faut définir les lois qui régissent l'ensemble (côtés et bissectrices).

1 -- Ce développement réclame l'écriture (le calcul)

2 -- Le raisonnement est plus complexe que celui qui permet d'aboutir au théorème de la diagonale (ou de Pythagore).

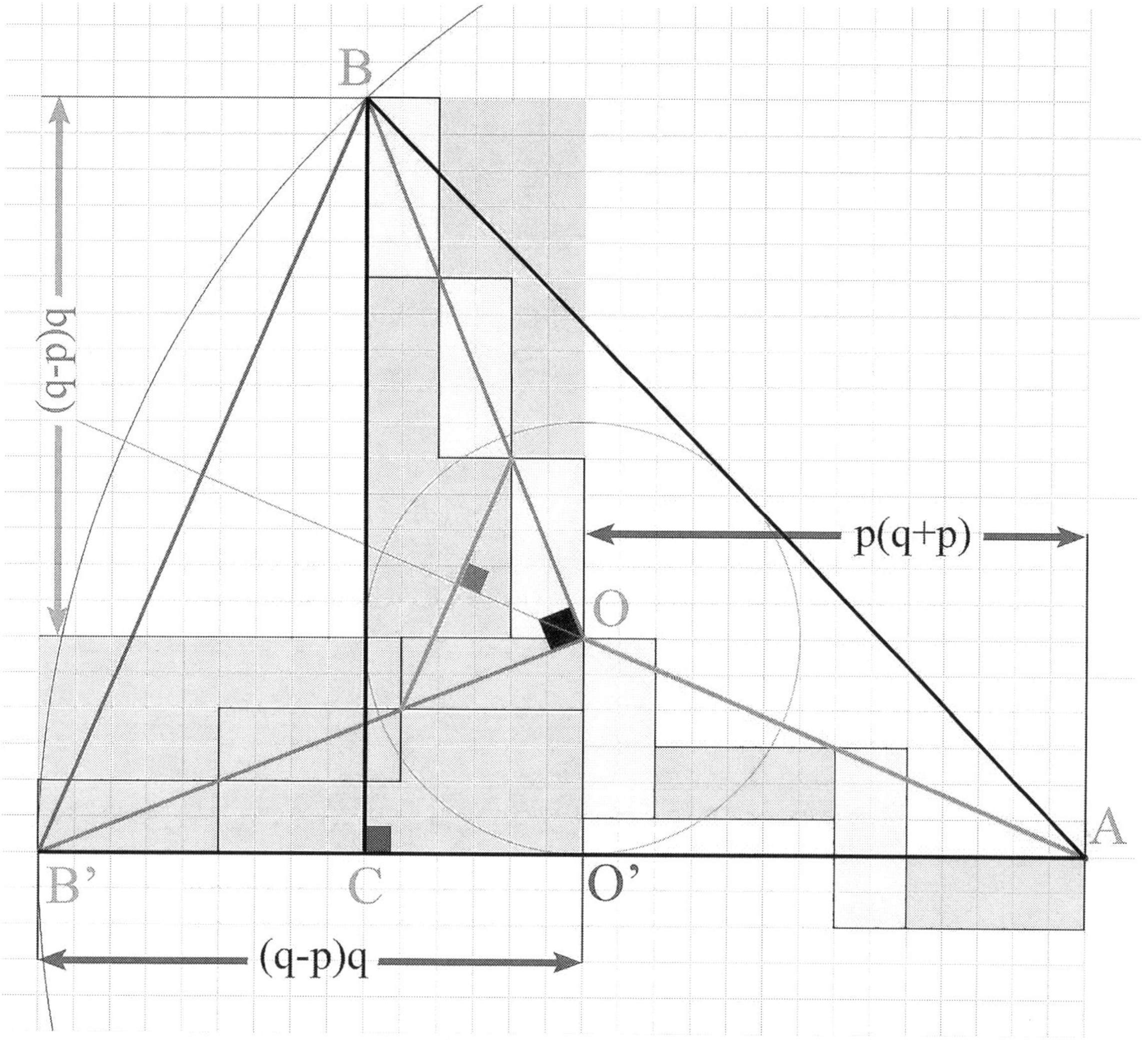

Fig. 93 : Étude du triangle 21-20-29

La figure de la *paragonale* se construit ici à partir d'un module vertical de largeur p et de hauteur q (en blanc). Ce rectangle minimal (le couple (p,q) est irréductible en valeurs franches) accompagne la bissectrice qui vient de B.

Nous avons vu que la bissectrice venant du sommet B du triangle est automatiquement liée à celle qui part vers A, sur la droite (figure de la *paragonale*). Ensuite le point B', symétrique de B par rapport à cette *paragonale* construit un segment B'O qui est à angle droit de la bissectrice BO. La preuve est sur la figure : les diagonales de deux modules blancs et gris juste à gauche de O sont à angle droit (et leur *paragonale* est donc orthogonale à OA).

Cette figure permet de poser des hypothèses que d'autres triangles viendront confirmer.

Le rapport de q et p est ici de 5/2. Et il est irréductible.

On remarque que trois modules sont nécessaires pour couvrir OB.

Or 3 = q-p

On remarque également que deux assemblages de modules couvrent OA

Or 2 = p

À partir de ces hypothèses, les mensurations du triangle ne sont plus que calcul.

BA = B'O' + O'A =	(q-p)q + p(q+p)	$= q^2 + p^2$
CA = CO' + O'A =	(q-p)p + p(q+p)	= 2pq
CB =	(q-p)p + (q-p)q	$= q^2 + p^2$

Ce que les manuels rapportent sous la forme :

$a = q^2 - p^2$ $\qquad$ $b = 2pq$ $\qquad$ $c = q^2 + p^2$

4 – Le niveau des mathématiques babyloniennes

L'évaluation du niveau des mathématiques babyloniennes n'est pas aisée. Les deux difficultés de l'étude sont d'une part, la sur-interprétation des données, par exemple en appliquant des procédés apocryphes (euclidiens et algébriques) sur des résultats qui ne cesseront d'être justes, certes, alors qu'ils correspondent à une autre approche.

Ensuite il nous faut admettre que certains raisonnements des Babyloniens sont littéralement « en rupture avec les nôtres », sans pour autant mériter l'anathème. La notion de subjectivité peut même s'impliquer à l'inverse de ce qu'elle entend dénoncer : notre définition de l'objectivité peut paradoxalement se traduire par une sorte de partialité préjudiciable à la vérité historique de cette culture.

X – PANORAMA HISTORIQUE

1 – L'Histoire des mathématiques

L'origine, le développement et la propagation de cette géométrie particulière dans l'histoire ne sont pas les préoccupations premières de cette recherche. Cependant quelques arguments surgissent qui peuvent devenir contribution. Par exemple sans recourir au calcul — donc avant l'écriture, ces mathématiques respectent les règles que les Grecs achèveront de formuler avec leur « système hypothético-déductif ». L'esprit logique des Grecs est en fait le vaste développement didactique d'un savoir dont ils ont hérité des Mésopotamiens et des Égyptiens.

À l'inverse, les prémices de la géométrie, au paléolithique supérieur, ne s'intègrent pas à ce courant. Les signes de la même époque, qualifiés de proto-écriture, ne sauraient davantage être considérés comme une écriture au sens strict. Dans les deux cas, il manque les structures explicites pour organiser les signes et les figures. On a longtemps supposé que la géométrie était apparue au paléolithique, face aux prouesses de virtuosité des Magdaléniens dans leur industrie de la pierre et de l'os. Les progrès de la recherche archéologique et de la réflexion qu'ils inspirent semblent identifier une frontière très abrupte entre les populations de chasseurs cueilleurs nomades, et celles qui se sédentarisent autour de l'agriculture. Ce changement de mode de vie s'accompagne d'un changement de la pensée, notamment spirituelle. On passe du chamanisme à la religion telle que nous l'entendons communément aujourd'hui et surtout, on passe du magique au sacré. Ainsi la paroi des cavernes paléolithiques n'est pas encore un plan : c'est la membrane qui sépare le monde d'ici et l'au-delà. On peut notamment citer les travaux d'Olivier Keller à ce propos.

« Aux origines de la géométrie : Le Paléolithique et le Monde des chasseurs-cueilleurs. » Olivier Keller, 2004, Vuibet.
http://livre.fnac.com/a1566841/Olivier-Keller-Origines-de-la-geometrie

Dans le même ordre d'idée, le site de Catal Huyuk ne présente pas le niveau d'organisation géométrique de l'Eanna appartenant à la civilisation d'Uruk IV. Doit-on s'étonner que la géométrie soit impliquée ?

2 – Égypte – Les sources écrites

Le rôle exact de la légendaire Égypte fait débat. Nous ne pouvons pas éviter cette question car longtemps dans cette recherche, la géométrie avec les yeux a été qualifiée d'égyptienne, et pour cause : le plus grand maître de cet art, Albrecht Dürer, fait référence à l'Égypte dans au moins deux de ses oeuvres. Il pose des pyramides sur un horizon où elles n'ont rien à faire (« Adoration de la Trinité », 1511 et « MELENCOLIA § I », 1514).

Nous disposons de très peu de documents écrits par les Égyptiens car le papyrus (ex Rhind, Moscou etc) est un matériau extrêmement fragile — contrairement à l'argile des tablettes babyloniennes. De plus, ces documents sont des exercices de scribes quand selon la légende, le savoir des prêtres est caché. La rareté des vestiges pourrait expliquer cette situation à elle-seule, cependant nous disposons de sources indirectes, émanant d'auteurs Grecs et Latins. Elles font explicitement référence aux mathématiques sacrées égyptiennes, en des termes qui donnent une réalité à la légende.

Les Grecs en Égypte

- Thalès (-625, -547) Il étudie la géométrie en Égypte.
- Pythagore (-580, -497) Il apprend la langue pharaonique et "les doctrines secrètes relatives aux Dieux".
- Démocrite (-460, -370) Ce philosophe apprend la géométrie
- Eudoxe (-406, -355) Cet astronome passe 15 mois avec les Prêtres Égyptiens.
- Platon (-428, -347)
  Suite à sa rencontre avec les Pythagoriciens, il séjourne en Égypte chez les prêtres du haut clergé.

Src. 1 — Plutarque

Plutarque (~ 46,~ 125) : Grec d'origine, penseur majeur de la Rome antique et précurseur du néoplatonisme.

PLUTARQUE OEUVRES MORALES. TOME V
TRAITÉ D'ISIS ET D'OSIRIS. ΠΕΡΙ ΙΣΙΔΟΣ ΚΑΙ ΟΣΙΡΙΔΟΣ partie II
http://remacle.org/bloodwolf/historiens/Plutarque/isisetosirisa.htm
Traduction française :
1. Victor BÉTOLAUD, Œuvres complètes de Plutarque - Œuvres morales, t. I, Paris, Hachette, 1870. Et **2.** D. RICHARD

TEXTE : Mais une nature plus parfaite et plus divine se compose de trois principes, qui sont, l'entendement, la matière, et le produit de leur combinaison, à savoir le monde, comme l'appellent les Grecs. Platon a coutume de donner à l'entendement les noms d'idée, de modèle, de père; à la matière, ceux de mère, de nourrice, de siège et de base de la génération ; et le produit de ces deux principes, il a coutume de dire que c'est "l'engendré, l'enfanté".

Il paraît probable que c'est au plus beau des triangles, au triangle rectangle, que les Égyptiens assimilent spécialement la nature de l'Univers; et, du reste, c'est de ce triangle que Platon semble s'être servi dans sa République, pour représenter le mariage sous une forme rectiligne. Dans ce triangle rectangle, un des côtés de l'angle droit est représenté par 3 ; la base l'est par 4, et l'hypoténuse, par 5. Or le carré de celle-ci est égal à la somme des carrés faits sur les deux côtés qui contiennent l'angle droit. Il faut donc concevoir, que le côté de l'angle droit représente le mâle, que la base du triangle représente la femelle, et que l'hypoténuse est le produit des deux; qu'ainsi Osiris est le premier principe, qu'Isis en reçoit les influences, et que Horus est le résultat de l'opération de `l'un et de l'autre. En effet 3 est le premier nombre impair et parfait ; 4 est le carré de 2, premier nombre pair; et 5, qui est composé de 3 et de 2, tient à la fois et de son père et de sa mère. Du mot pente (cinq) est dérivé le mot "panta" « univers », ainsi que le verbe "pempazô", qui signifie « compter avec les cinq doigts ». De plus, 5 élevé au carré donne un nombre égal à celui des lettres de leur alphabet et à celui des années que vivait le boeuf Apis. Les Égyptiens ont donc coutume d'appeler Horus Caimin, ce qui répond à « vu », parce que ce monde est sensible et visible. Pour Isis, elle est appelée tantôt Muth, tantôt Athyri, tantôt Methyer. Le premier de ces noms signifie mère, le deuxième, habitation d'Horus en ce monde (dans le même sens que Platon a dit « l'espace est le récipient de la génération ») ; le troisième est composé de deux mots qui veulent dire plein et cause : car la matière du monde est pleine, et elle se rattache à une cause essentiellement pure et bien ordonnée. **/ TEXTE**

Nous découvrons l'existence d'un triangle 3-4-5, égyptien selon ses dieux, dont aucun des documents connus de l'Égypte ne fait état. Les mathématiques des papyrus traitent uniquement de calcul quand celles qu'expose Plutarque sont religieuses et sans calcul. Les scribes et les prêtres n'ont pas les mêmes préoccupations.

Nous découvrons aussi la transmission du « savoir » des prêtres. Doit-on le considérer comme ésotérique, théologique, religieux, métaphysique, philosophique, symbolique ?

Src. 2 — Les Présocratiques

« Les Présocratiques », Collectif, Biblio. de la Pléiade, n° 345, 1988
http://www.la-pleiade.fr/Catalogue/GALLIMARD/Bibliotheque-de-la-Pleiade/Les-Presocratiques

TEXTE p. 14 et p. 15 : **LES MILÉSIENS – XI**

Poclus.

De même que la connaissance exacte des nombres prit naissance chez les Phéniciens du fait des échanges commerciaux et des affaires, de même est-ce chez les Égyptiens que fut, pour la raison que j'ai dite, inventée la géométrie. Thalès fut le premier Grec à rapporter d'Égypte cette matière à spéculation; lui-même l'enrichit de nombreuses découvertes, et légua à ses successeurs les principes de nombreuses autres en allant plus loin tantôt dans la généralisation abstraite, tantôt dans l'investigation empirique. (Commentaire sur le premier livre des Éléments d'Euclide, 65,3.)

Plutarque.

Thalès, à ce qu'on prétend, et Hippocrate de Chio, le mathématicien, ont fait du commerce; et Platon couvrit ses frais de voyage en vendant de l'huile en Égypte (Solon, 2).

C'est, pense-t-on pour l'avoir appris des Égyptiens, qu'Homère et Thalès posaient l'eau comme principe de l'origine de toutes choses (Isis et Osiris, 34)

Flavius Josèphe.

Tout le monde s'accorde à reconnaître que les premiers chez les Grecs à avoir étudié les choses célestes et divines, comme Phérécyde de Syros, Pythagore et Thalès, furent les élèves des Égyptiens et des Chaldéens et laissèrent peu d'écrits; ces écrits passent aux yeux des Grecs pour être de tous les plus anciens, et à peine croient-ils encore qu'ils les aient vraiment écrits. (Contre Apion, I, 2.)

Aétius.

Il étudia la philosophie en Égypte et revint à Millet déjà fort âgé. (Opinions, I, III, I.)

Jamblique.

Thalès conseilla à Pythagore de se rendre en Égypte et de s'entretenir le plus souvent possible avec les prêtres de Memphis et de Diospolis : c'est d'eux qu'il avait tiré toutes ces connaissances qui le font passer pour sage et savant aux yeux de la foule. (Vie pythagorique, 12.)

Hérodote.

C'est [en Égypte], à mon avis, que le géométrie fut inventée, et c'est de là qu'elle vint en Grèce. (l'Enquête, II, 109.)

Himérios.

Pindare a chanté la gloire de Hiéron dans une ode olympique, et Anacréon la fortune de Polycrate, alors que les Samiens envoyèrent leurs présents à la déesse. Alcée fit l'éloge de Thalès dans ses odes, lorsque Lesbos <célébra> une panégyrie. (Morceaux choisis, 30, Codex de Naples, col. XXVIII, 2)

Pline (p. 21 : XXI)

Thalès de Milet a trouvé une méthode pour mesurer la hauteur [des pyramides], en mesurant leur ombre à l'heure où elle est régulièrement égale à son objet. (Histoire naturelle, XXXVI, 82.)

Plutarque (p. 22)

Dressant simplement un bâton au bout de l'ombre de la pyramide, et se faisant deux triangles avec la ligne que fait le rayon du Soleil en touchant aux deux extrémités, tu montras qu'il y avait telle proportion de la hauteur de la pyramide à celle du bâton, comme il y a de la longueur de l'ombre de l'un à l'ombre de l'autre. (Le Banquet des sept sages, 2, p.147 A.)

/ TEXTE

Ainsi la Grèce des philosophes et des mathématiciens a hérité de l'Égypte des prêtres – et des artistes. Cela nous permet de préciser l'espace culturel où la géométrie avec les yeux a pu se développer, et se transmettre. Dans une seconde étape, la question de l'origine de cette « pratique » se pose. L'on se tourne alors vers la Mésopotamie, sans ignorer des espaces plus lointains comme l'Inde et la Chine. Le savoir et les idées circulent aussi sûrement que les biens et les hommes, et une géométrie sans écriture constitue une plateforme idéale pour l'échange. Ce principe vaudra plus tard entre les mondes musulman et chrétien.

3 – Les compositions comme sources

1 — Les pyramides de Gizeh

La composition a la réputation d'être de tradition orale. Côté étude, la géométrie avec les yeux sort tout droit des oeuvres et des plans. Le plan au sol des pyramides de Gizeh se présente comme approprié : il se déploie, comme la géométrie, sur une surface plane. Une étude est disponible sur Internet à l'adresse :

http://www.jacquier.org/Yvo_Jacquier-3_carres_Gizeh.pdf

À la page 15 se trouve un paragraphe au titre évocateur : « Un cadeau en or pour l'étude » :

TEXTE : Le plan de référence est l'oeuvre du physicien John A.R. Legon. Il a rassemblé les résultats d'arpentage des égyptologues les plus réputés comme M. Lehner, 1985 - J.H Cole,1925 - Flinders Petrie, 1880. Ce plan de synthèse est notamment approuvé par l'Archaeology Society of Staten Island. http://www.john-legon.co.uk/gizeplan.htm

C'est un véritable cadeau pour l'étude. La confrontation de la géométrie et la réalité d'une œuvre représente la part la plus délicate de l'étude. Cette étape est la plus «discutable». **/ TEXTE**

Dans le cas particulier de Gizeh, nous confrontons la géométrie à des mesures attestées, assorties de marges très fines — pour ne pas dire extrêmes, que la composition va toutes respecter. L'interprétation des motifs géométriques parachève l'étude. Le plateau de Gizeh se présente comme une histoire de famille dans laquelle la reine Hénoutsen, mère de Khéphren et femme de Khéops, joue un rôle majeur en dépit du nom administratif de sa pyramide (G1C). Les figures font également référence à la religion égyptienne, notamment l'étoile du pharaon rejoignant le ciel de Nout.

La composition du plan de Gizeh se sert de tout le vocabulaire que la géométrie avec les yeux puisse connaître. Le nombre d'or, ou proportion dorée, y est notamment exposé(e) selon quatre chiffres après la virgule.

2 — Les fresques égyptiennes

Certaines peintures comportent également une géométrie de composition. Cependant les techniques picturales des Égyptiens n'ont pas la précision de celles qu'ils démontrent dans l'architecture et la sculpture. Peut-être est-ce une question de matériel, à quoi s'ajoute l'usure du temps. Il est à noter que nombre de ces réalisations sont des bas-reliefs.

Fresque de Benia (Pahekamen ou Paheqamen)
Tombe TT 343, mur est, partie sud, 18e dynastie, circa 1500 AEC : http://www.contemporary-painting.com/comparative-geometry/B02-Benia.jpg

La proportion dorée s'affiche ici de façon très claire, selon un rectangle qui mesure 6 motifs en largeur — tout en haut. Les divisions dorées caractéristiques interviennent au niveau du coude du personnage par deux fois. Ce ne serait pas le cas si par exemple le motif s'inscrivait dans un rectangle général de 8 sur 5.

La disposition spatiale des hiéroglyphes semble régie par la géométrie. Cet autre champ de recherches est aussi vaste que celui de la Renaissance qui pour l'instant occupe l'étude.

4 – Le personnage de Pythagore

Pythagore (-580 à -497 – VIe siècle av. J.-C.) n'est manifestement pas le découvreur du savoir que symbolise son théorème. L'Inde védique ou la Chine pratiquent bien avant lui une géométrie des aires qui aboutit à ce que l'on nomme le **théorème de la diagonale**. Et dans la célèbre tablette Plimpton 322, les comptables Babyloniens déclinent les nombres premiers aux confins de calculs sophistiqués sur le triangle rectangle.

Les échanges culturels ont toujours existé, particulièrement à une époque où les frontières n'étaient pas l'enjeu de conflits (par exemple au IVe millénaire A.E.C.). Il est plus que probable que l'Europe du Sud ait capté les échos de ce qui se passait en Orient.

Pour autant on ne saurait traiter Pythagore d'usurpateur. La complexité du personnage est à l'image des Pythagoriciens ses disciples, et les disciples de ses disciples. Le « sujet » de Pythagore est aussi fascinant que celui du nombre d'or, et l'aura historique du maître a tendance à capter tout ce qui approche les sphères de sa vaste connaissance. Il marque l'entrée des Grecs dans une ère de prospérité, dont le théorème est devenu le symbole. Ce monde du logos va (re)définir les règles en toutes choses, au point qu'il nous sert encore aujourd'hui de référence. La pédagogie et la démocratie en sont les parfaits exemples.

Pythagore est sur le chemin d'Euclide, des mathématiques pures – détachées de leur utilité. En même temps il fait des expériences sur la musique et l'harmonie. Il enseigne encore un savoir d'ordre mystique et qualifié d'ésotérique. La question qui se pose au sein de cet ouvrage concerne sa contribution à la géométrie avec les yeux, en tant que base de la composition dans les arts.

On ne prend pas grand risque à prétendre que les Pythagoriciens ont fait un travail de fond sur le sens des mathématiques, ce que résume la formule du maître « tout est nombre ». L'interprétation des structures s'appuie sur les nombres. Cependant rien ne prouve que ce travail soit par la suite totalement intégré à celui qu'il est allé chercher en Égypte sur le conseil de Thalès. Nous ignorons l'influence du Pythagorisme sur l'art, la construction des cathédrales et la peinture de la Renaissance.

5 – La géométrie de composition

Blaise Pascal dénonce deux excès dans ses « pensées » :
Exclure la raison et n'admettre que la raison.

La géométrie sacrée ne prend pas les formes géométriques pour de simples objets : elle met en oeuvre des structures dont la définition pour être complète ne s'arrête pas à celle des figures. Les nombres accompagnent la construction, ils sont indispensables à la traduction en langage humain. Au final, sans les nombres la géométrie reste muette et sans les formes les nombres sont aveugles. Il faut associer, comprendre les deux aspects pour aborder la traduction.

Un savoir ne se limite pas à sa méthode, il poursuit des buts et il s'accompagne forcément d'une charte morale (la science nous montre aujourd'hui les problèmes que cela comporte). Le savoir de la composition s'est développé dans plusieurs cultures distinctes – particulièrement en Égypte et en Mésopotamie – également en Chine et en Inde. Quand il s'agit d'art et d'architecture, nous ne pouvons pas détacher les oeuvres de la motivation de leurs auteurs.

Ainsi la géométrie avec les yeux ne se définit pas uniquement par une cohérence qui contournerait le théorème de la diagonale ou de Pythagore. Cette géométrie a un sens dans toutes les civilisations qui l'ont pratiquée, depuis celle d'Uruk jusqu'à la Renaissance occidentale. Elle sert à traduire des valeurs spirituelles par des lignes qui sous-tendent les oeuvres (d'art et d'architecture). La géométrie sacrée entend porter le sens d'une œuvre autant que l'oeuvre physique.

Il est à noter que le système perspectif est incapable de jouer un tel rôle. Il permet de représenter le réel de façon vraisemblable, en son aspect strictement matériel, cependant ses lignes ne portent aucune valeur particulière. Pour cette raison, les artistes de la Renaissance ont pratiqué simultanément les deux systèmes de composition à l'intérieur des mêmes oeuvres, assumant de cette façon toutes les préoccupations de la représentation.

Par la pureté de son art, l'Égypte justifie une cote d'amour. À l'avenir, il est probable que d'autres civilisations telle que celle de Babylone et d'Uruk, bénéficient d'une attention comparable.

6 – L'aire et l'écriture

Le théorème de Pythagore est l'expression didactique de celui de la diagonale. Nous avons là un bel exemple du cheminement des mathématiques. Le résultat final est accepté par tous, depuis le géomètre du sacré jusqu'au comptable du trésor, y compris le pédagogue euclidien. Et cette unanimité a pour effet de gommer tout l'historique !

Certaines figures de la géométrie avec les yeux préfigurent la démonstration du théorème. Jean-Paul Guichard nous met en garde : il est possible de construire des schémas qui soient davantage influencés par le discours d'Euclide que par les préoccupations des « géomètres d'époque ». En clair, les monstrations sont potentiellement apocryphes car elles peuvent se nourrir de l'expérience des Grecs et des algébristes ! Le présent ouvrage peut aider a préciser le statut des figures en cela que certaines sont indispensables à l'édification du corpus, quand d'autres répondent à des nécessités didactiques aujourd'hui.

Ensuite une réalité doit être prise en compte : le théorème de Pythagore réclame l'écriture. Le concept d'aire et le calcul, qui lui sont associés, sont impraticables sans l'écrit. Le background historique permet de donner une réalité à cette idée. En effet, l'écriture naît en plein néolithique, alors que ces paramètres sont réunis de façon explicite : bien au-delà d'une simple sédentarisation productive, on assiste au regroupement de populations en vastes cités, frappées d'un organigramme social et urbanistique. Deux principes émergent alors, l'impôt et la propriété, et tous deux nécessitent la pratique de l'écriture et le concept d'aire (en tant que quantité). Sans calcul de surface et sans tablettes pour noter qui a payé quoi et à qui, les cités néolithiques étaient ingérables. Les premiers écrits sont d'ailleurs des livres de compte.

Parallèlement, la géométrie avec les yeux conservera la tradition du non-écrit. Le quadrillage sur lequel tout se comprend, se démontre et se retient, restera la marque de cette culture.

Maintenant, il nous faut passer au crible les constructions géométriques qui semblent préfigurer Pythagore, et identifier celles qui ont assumé le passage à la pensée écrite. C'est le point d'inflexion de l'histoire. Les figures ci-dessous sont en quelque sorte des leurres. En revanche, dès l'apparition du concept d'aire, elles vont émerger.

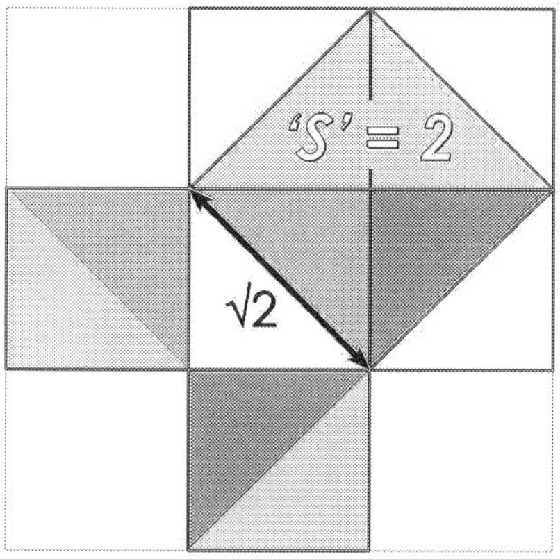

Fig. 94 **a**

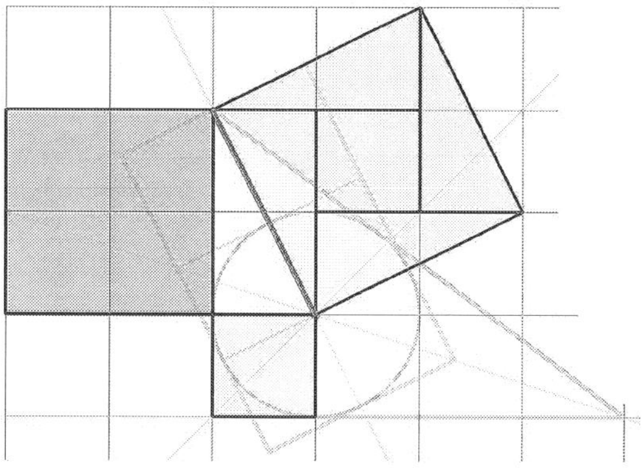

Fig. 94 **b**

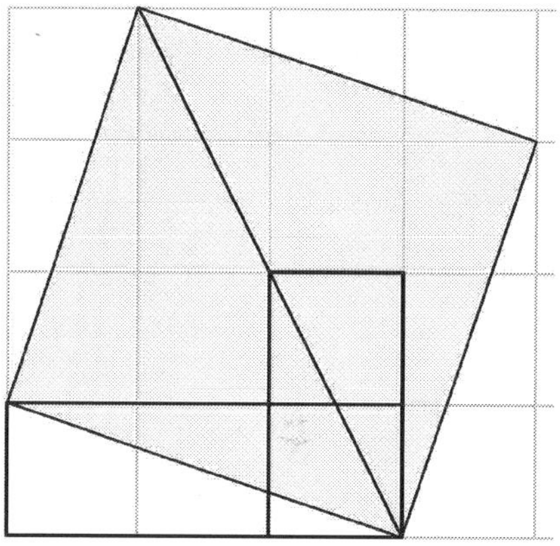

Fig. 94 **c**

N.B. : √2 et √5 ne sont pas définies sous cette forme par la géométrie avec les yeux. En revanche de façon didactique, les aires de 2 carreaux et de 5 carreaux sont explicites.

Fig. 94 c – Cette figure énonce un tout autre principe :

L'angle compris entre la diagonale d'un triple carré couché et celle d'un double carré debout est celui de la diagonale d'un simple carré.

Il n'est pas question d'aire, il n'est pas davantage besoin d'écrire. C'est (encore) de la géométrie avec les yeux.

Cette figure est indispensable au corpus. Son résultat intervient dans plusieurs monstrations (voir Fig. 49) et surtout, elle résume les rapports entre les angles des trois bissectrices du triangle 3-4-5. C'est un authentique basique. Ensuite, il suffit de poser la définition de l'aire pour résoudre la diagonale du triple carré. Cette figure rappelle étrangement celle qui sert à démontrer le théorème de la diagonale.

Fig. 95 a – Jean-Paul Guichard nous rapporte la monstration la plus directe du théorème de Pythagore. Il suffit de juxtaposer un carré de côté a au pied d'un carré de côté b (avec b>a), et de remarquer que des deux rectangles marqués d'une croix ont la même aire (= ab).

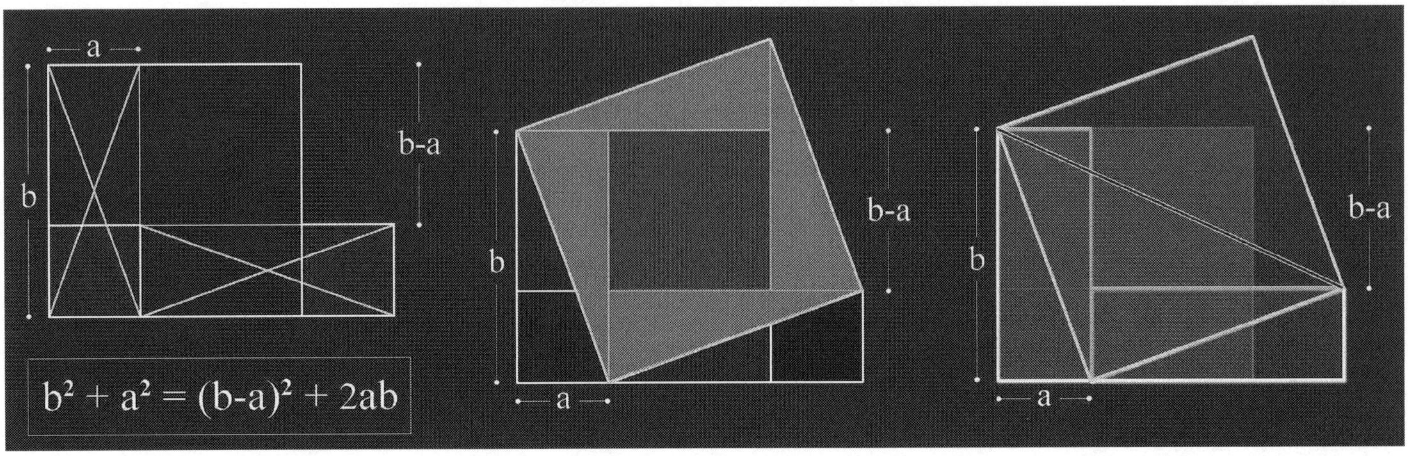

Fig. 95 ***a*** *Fig. 95* ***b*** *Fig. 95* ***c***

Fig. 95 a – L'aire du grand carré de côté b plus celle du petit de côté a, équivaut à la somme du carré vierge (b-a)2 et des deux rectangles marqués de leurs diagonales.

Fig. 95 b – La voie de la généralisation de la preuve visuelle est dans cette figure 10. On la trouve dans la Chine ancienne, donc bien avant Pythagore, et on pense qu'elle est la preuve du théorème de la diagonale dans les *Sulbasutras* (cf. Olivier Keller). Elle peut être également envisagée comme connue des Babyloniens et des Égyptiens. On la retrouve chez Clairaut, qui se démarque complètement de la démarche euclidienne dans ses Eléments de géométrie (1741), où il présente cette démonstration du théorème de Pythagore comme une preuve naturelle à laquelle tout le monde peut penser en cherchant où se place sur la base le point d'où tirer les 2 “diagonales” (J-P Guichard).

Fig. 95 c – La figure de la *paragonale*, généralisation de la Fig.94, n'a pas besoin d'aire pour se démontrer. La logique des angles suffit. Les deux raisonnements, par les formes (angles) et par les nombres (aires), aboutissent à la même figure. Et le passage d'une conception à l'autre correspond à l'apparition (simultanée ?) du concept d'aire et de l'écriture.

7 – Deux exemples de pédagogie

Jean-Paul Guichard explique : si l'on complète le demi-carré en un carré on obtient des figures qui sont des monstrations du théorème de Pythagore.

Première approche

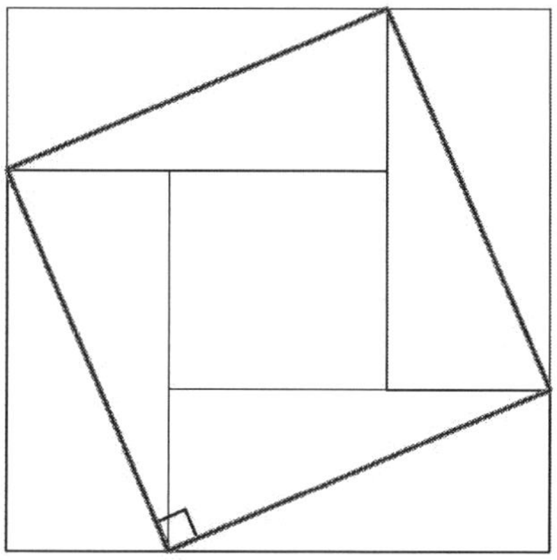

Fig. 96 **a**

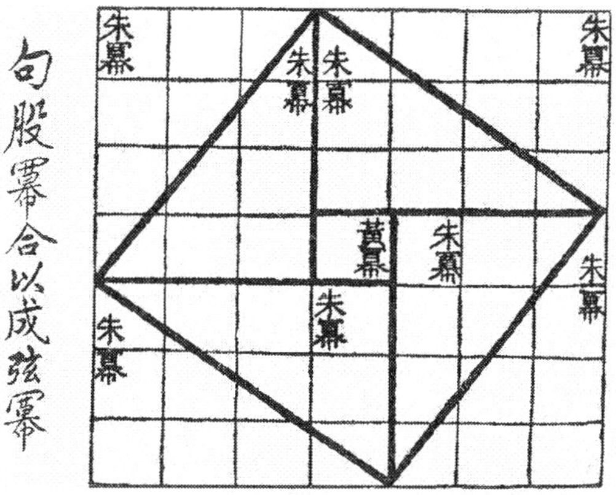

Fig. 96 **b**

Fig. 96 **c**

Fig. 96 a – On refait tourner les 2 rectangles et leurs diagonales d'un quart de tour et on obtient la Fig. 96 a) qui est une figure classique des mathématiques chinoises pour montrer le théorème de Pythagore. Elle se lit alors facilement sur un quadrillage (Fig. 96 b). L'illustration est faite pour le triangle sacré !

Fig. 96 b – Cette figure fort ancienne est appelée par les Chinois « figure de l'hypoténuse ». Le *Zhou Bi Suan Jing*, ou *Chou Pei Suan Ching* est l'un des plus anciens textes mathématiques chinois. Le titre signifie littéralement « L'arithmétique classique du gnomon et les trajectoires circulaires du ciel ». Ce livre date de l'époque de la dynastie des Zhou (1046-256 AEC), mais sa compilation et l'ajout de matériaux a continué jusque sous la dynastie des Han (206-220 Ap. J-C).

Fig. 96 c – On trouve la même figure dans une édition des « Dix classiques de calcul » datant de 1213, ouvrage qui compile une série de textes plus anciens, faite sous la dynastie des Tang (618-907 Ap. J-C).

Seconde approche

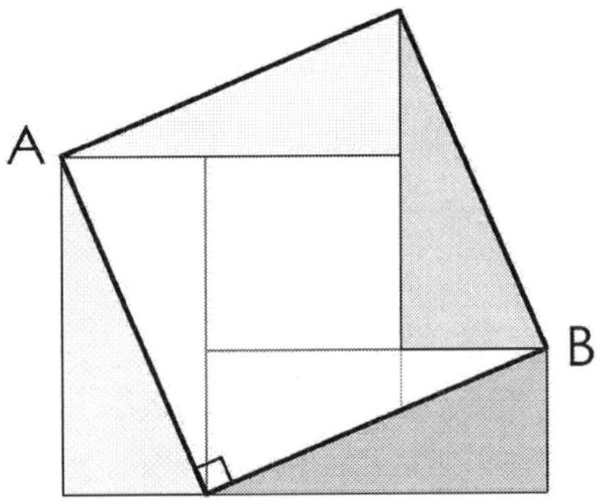

Fig. 97 ***a***

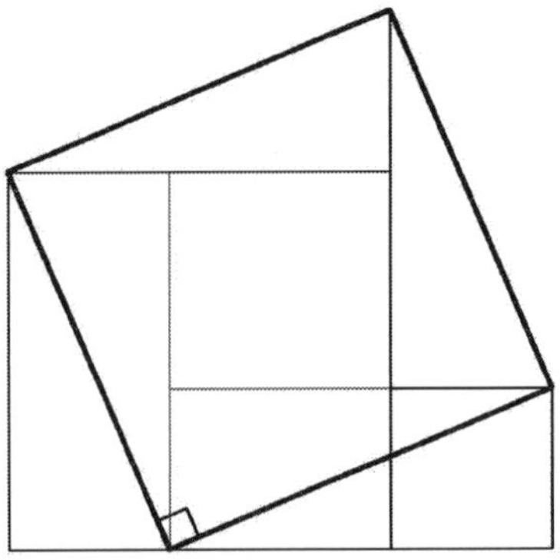

Fig. 97 ***b***

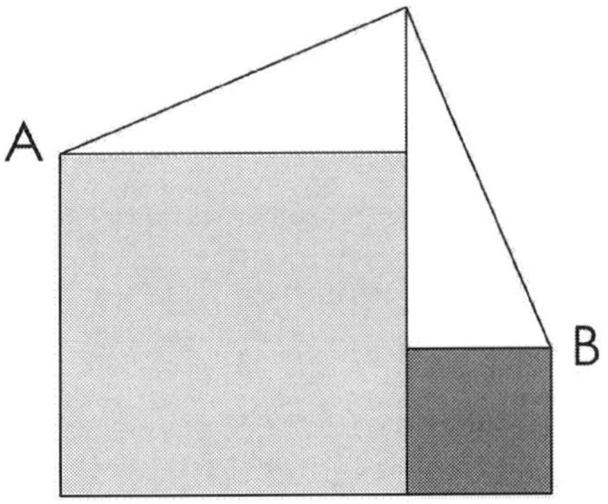

Fig. 97 ***c***

On fait tourner les 2 triangles rectangles (gris clair et gris foncé, Fig. 97 a) d'un quart de tour autour des points A et B et on obtient la Figure 97 b, où on peut lire le théorème de Pythagore (Fig. 97 c).

C'est cette figure qu'utilise Clairaut dans ses « Eléments de Géométrie » (1741) pour démontrer le théorème de Pythagore.

XI – L'INTERPRÉTATION

1 – Le choix des mots

Avec une parfaite maîtrise du sujet, le titre de ce chapitre serait « traduction de la géométrie ». Nous n'en sommes pas là, cette aventure vient à peine de commencer. Dans l'état actuel des études, il est légitime d'avouer notre interprétation. Ce non parce qu'elle prolonge le discours originel des géomètres, mais parce qu'elle tente d'enjamber les gouffres qu'il nous reste à combler.

Cet ouvrage reconstitue un corpus de propriétés aussi fantastiques qu'ignorées. C'est la part solide de l'étude de la composition. Dans les œuvres, l'observation des figures doit se soumettre à des marges de précision. Ce discours purement géométrique est confronté à l'observation des œuvres – jusqu'au moindre détail. Enfin tout langage démontre des structures récurrentes, et la comparaison des œuvres permet de les mettre en évidence. Un terme résume cette méthodologie : la « géométrie comparée ».

L'entreprise n'est pas nouvelle : traduire la géométrie et les nombres de la symbolique, identifier leur sens. On désigne par « tradition » un ensemble de connaissances où, à défaut de preuves et de cohérence établie se retrouvent un certain nombre de consensus. On ne saurait ignorer l'existant, ni se contenter d'en dénoncer les contradictions. Une part de ce savoir est juste et il faut l'identifier.

2 – Le sens du 3 et du 4 en question

Selon ladite « tradition », le nombre 3 est céleste, féminin et sacré, face au nombre 4, terrestre et masculin. Au cours de mes études j'ai cherché, et trouvé, beaucoup d'arguments qui vont en ce sens. Cependant si les preuves du 3 Céleste sont directes, celles du 3 féminin sont indirectes et subjectives.

En outre la Vesica Piscis, *vulve déïque* et féminine, symbole de Vénus, est marquée par la $\sqrt{3}$, et pas directement par le 3. Parallèlement, le cas de Saturne est embarrassant : son carré magique byzantin est d'ordre 3*. La planète Saturne marque la limite du visible – à l'oeil nu, en cela l'option du 3 Céleste est légitime. En revanche, la virilité du *vieux taciturne* ne s'accorde pas avec le genre féminin.

*Réf. * : Un carré magique est un ensemble de nombres entiers consécutifs, à partir de 1 (1, 2, 3, 4, ... n^2), et disposés en carré : autant de lignes que de colonnes. On désigne par "ordre" le nombre de cases sur un côté (n). Ce carré est "magique" si toutes les sommes des nombres sont les mêmes, quelle que soit la ligne et la colonne. Les Byzantins attribuaient selon les ordres : 3 – Saturne, 4 – Jupiter, 5 – Mars, 6 – Soleil, 7 – Vénus, 8 – Mercure, 9 – Lune.*

À la Renaissance, Luca Pacioli transmet le savoir mathématique des Byzantins à l'Occident, dont celui des carrés magiques. Trithème et Agrippa seront les principaux auteurs à approfondir leur sens symbolique.

3 – De quelles cultures parle-t-on ?

Le courant de civilisations qui constituent le champ de l'étude devra sans doute trouver un nom générique. Pour l'instant, nous nous contentons de suivre la trace d'une géométrie avec les yeux qui émerge en Mésopotamie, avant l'avènement de l'écriture, et se transmet pendant cinq millénaires jusqu'à la Renaissance – son apothéose.

Trame historique

La géométrie avec les yeux est néolithique. Il n'y a aucune trace paléolithique de sa première figure : la Vesica Piscis.
(renseignement pris au-près de Geneviève von Petzinger)

Seconde moitié du IVe Millénaire AEC.
On trouve cette géométrie dans le plan au sol du grand temple, l'Eanna, consacré à la déesse Inanna/Ishtar.

2 500 ans AEC
Le plan au sol des pyramides de Gizeh sont une démonstration.

La Grèce de Phidias (Ve siècle AEC) et de Pythagore (VIe siècle AEC) approfondissent les principes théoriques.

Rome est sur la route, cependant les Romains sont davantage des ingénieurs que des artistes.

Alexandrie est le carrefour de toutes les cultures

Byzance reste pendant plus de mille ans la grande école de la géométrie sacrée ; les icônes en sont le témoignage.

L'iconoclasme (VIIIe et IXe siècles) pousse cette culture à l'exil une première fois en direction de l'Occident, jusqu'en Irlande (Livre de Kells). Charlemagne protège cette culture.

La géométrie accompagne l'expansion orthodoxe à partir du IXe siècle en direction de l'Est (Moravie, puis Bulgarie, puis Kiev)

Après l'iconoclasme, Byzance continue d'être le centre. Ses moines sont les seuls en Europe à lire le Grec dans l'intégrale.

La chute de Constantinople, en 1453, provoque un second exil – Venise est alors la principale destination.

La Renaissance correspond à l'apothéose de cet art. Les tarots, encyclopédie de la symbolique, sont le testament de cette culture multi-millénaire. Dürer en est le dernier architecte.

Après : certains peintres comme J.D. Ingres démontrent des éléments de cette pratique – il a séjourné en Italie.

Les autres civilisations

Les approches peuvent être très différentes selon les continents. Que dire de l'Inde, de la Chine, des Amériques ? D'autres y répondront, certainement. Nous allons prendre un exemple plus proche de nous par les échanges, et pour lequel nous disposons d'un minimum de données.

L'ouest africain tribal ne pratique pas la géométrie exposée dans cet ouvrage. En revanche, le philosophe Lucien Stéphan a montré la maîtrise de principes dynamiques dans la statuaire africaine[1]. Une géométrie non théorisée par les artistes qui n'en est pas moins dans leur volonté. Les nombres ont également un sens dans ces micro-cultures à l'intérieur de leur large puzzle. Ils ne sont pas liés directement à la géométrie comme c'est le cas pour la géométrie sacrée « Occidentale ».

C'est peut-être une des raisons de la disparité des conceptions selon les sociétés – particulièrement à propos du 3 et du 4. Une autre cause probable est la nature du référentiel symbolique. Dans le cas de l'Occident, ce référentiel est spirituel et sacré ; la symbolique des sociétés lignagères qu'étudie Sylvie Fainzang joue avant tout un rôle social – inégalitaire. L'anthropologue expose les variations de la conception du 3 et du 4 en ces mots :

« Or, s'il en est ainsi dans de nombreuses sociétés de l'Ouest africain, notamment chez les Bisa du Burkina, on rencontre dans beaucoup d'autres le système inverse, en particulier chez les Mano, Kpelle, Sherbro, Kissi, Kono et Bété de Sierra Leone et du Liberia, ainsi que chez les Serer et les Mandingues, où le 4 est au contraire attribué à l'homme et le 3 à la femme. »[2]

Réf. 1 : « *La sculpture africaine, essai d'esthétique comparée »,* *in « L'art africain », Paris, 1988-2008, Editions Citadelles et Mazenod. Auteurs : Jacques Kerchache, expert en arts premiers – Jean-Louis Paudrat, historien d'art – Lucien Stéphan, esthéticien et philosophe – Germain Viatte, conservateur de musée.*
Code ISBN : 978 2 85 088 441 2

Réf. 2 : « *Les Sexes et leurs nombres Sens et fonction du 3 et du 4 dans la société burkinabé » par Sylvie Fainzang,*
Revue L'Homme, Année 1985, Volume 25, Numéro 96, pp. 97-109

4 – Le Céleste, le Terrestre et les genres

Selon la logique des carrés magiques byzantins – référence de tant d'auteurs, la confrontation du Céleste au Terrestre se traduit par un dialogue entre Saturne et Jupiter. Or c'est justement le thème de l'oeuvre ésotérique la plus célèbre de tous les temps : « MELENCOLIA § I », gravée par Albrecht Dürer en 1514. Les personnages de la scène sont deux anges et leur identité est désormais révélée[1] : saint Michel et Cupidon. Le message de Dürer est précis : la question du genre à propos du 3 et du 4 revient celle du sexe des anges. C'est donc ailleurs qu'il nous faudra trouver des arguments sur le genre. En revanche une des nombreuses leçons de Melencolia nous apprend que Saturne règne sur le temps tandis que Jupiter domine l'espace. D'ailleurs la philosophie grecque comprend trois forme de temps : Chronos, Aiôn et Kairos.

Le 3 Céleste et le 4 Terrestre doivent être considérés comme neutres. Ces valeurs sont suffisamment « génériques » pour ne pas se surcharger d'autres notions, en particulier celles du genre.

Réf. 1 : *Conférence de Yvo Jacquier et Guillaume Beys-Salvan « MELENCOLIA § I » d'A. DÜRER Battre les cartes des réalités Colloque International de Meknès, 23-24 mars 2016*
thème : « La Mélancolie dans la Littérature et les Arts »
http://www.jacquier.org/meknes/JACQUIER-SALVAN-2016.pdf

Les 7 vertus catholiques offrent un bon exemple de ce partage Céleste/Terrestre. Elles se distinguent en 4 vertus cardinales (terrestres) et 3 vertus théologales (célestes). La force, la justice, la prudence et la tempérance sont de l'ordre de l'éducation. La foi, l'espérance et la charité sont des grâces divines. Il est à noter que toutes sont féminines sans exprimer le genre féminin.

Cette logique se retrouve encore dans la trinité divine (céleste) et les quatre évangiles (témoignages de la vie du Christ sur Terre).

Le triangle Isiaque (3-4-5)

On peut citer le triangle Égyptien – Isiaque, qui associe le 3 à Osiris, le 4 à Isis, et le 5 à Horus. Dans sa position horizontale, il est logique de considérer le 4 comme terrestre – et non comme féminin. Le 3 vertical exprime le Céleste ; cela s'accorde au mythe d'Osiris – qui règne sur l'au-delà. Le 5 incliné d'Horus n'aurait simplement pas de sens face à une définition des genres pour le 3 et le 4.

Il est a noter que la « tradition » dont nous avons parlé n'explique pas l'inversion de ses genres dans la symbolique égyptienne. Le mystère ne suffit pas à tout justifier. Est-ce à dire que la symbolique soit une affaire de conventions ? Dans la symbolique que nous étudions, les nombres croisent la géométrie. Les Anciens ont ainsi construit un système dont la logique repose sur des propriétés mathématiques.

On comprend alors l'unité de cette culture de la composition. Elle a traversé les époques, les civilisations, les peuples et les pays sans changer fondamentalement sa conception des formes et des nombres. Très tôt, les hommes ont compris la géométrie que nous reconstituons, suffisamment pour ne pas avoir à « changer d'option » par la suite.

5 – Le féminin sacré et le masculin

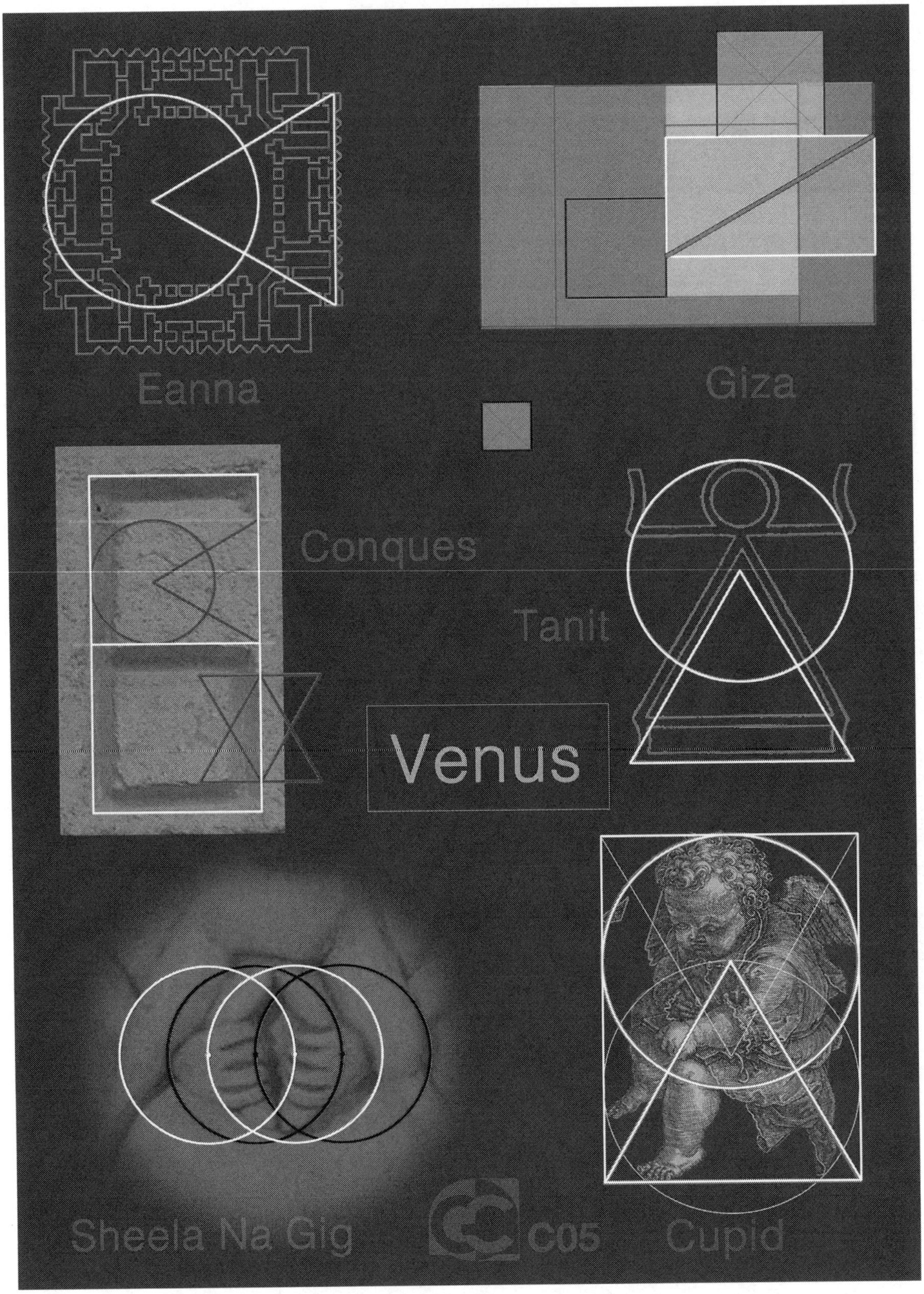

Fig. 98 : Les figures vénusiennes à travers le temps

Les figures géométriques qui représentent Vénus, Aphrodite, Inanna/Ishtar, Tanit etc appartiennent dans la majorité des cas à la « famille Δ ». Ces formes sont régies par la $\sqrt{3}$, l'hexagramme est leur générique et la Vesica Piscis leur première expression.

Il faut souligner que les mandorles du Christ ne sont jamais des Vesica Piscis strictes. Le centre d'un cercle est toujours décalé du cercle jumeau où il devrait se poser. D'autres règles géométriques, différentes selon les cas, décident de leur arrangement.

À l'origine, les cultes vénusiens associent féminité et fertilité. La fertilité (capacité à engendrer) se confond elle-même avec la fécondité (capacité à l'abondance). Et leur bienveillance s'étend à toute forme de vie, notamment à la production agricole.

Face à l'hexagramme et à sa $\sqrt{3}$ – famille que l'on appelle Δ, le pentagramme représente le masculin : c'est le mouvement face à la matrice. Le nombre d'or (φ) entre dans sa constitution, et la spirale dorée est un bon exemple pour évoquer le mouvement.

Fig. 99 : Composition de « la Naissance de Vénus » par S. Botticelli – 1485

Fig. 99 – Ce calque de composition du tableau – il y en a plusieurs, comprend les principaux sujets du présent ouvrage : une Vesica Piscis ; deux rectangles 3x4 (double-triangles 3-4-5) inclinés selon la logique du pentagramme ; enfin une spirale dorée, surgissant du fond du ciel (royaume d'Uranus) pour féconder l'écume. Chloris la nymphe court à grandes enjambées sur ce chemin, en quête de beauté éternelle.

La tête de la belle est en dehors de l'amande, respectant la définition du corps de poisson. Pour couronner le tout, la forme d'une queue fait de Vénus une sirène, en écho au titre original du tableau : « Vénus anadyomène », soit *sortie des eaux*. Il est a noter que la conception de Vénus rappelle étrangement celle des poissons.

6 – L'encyclopédie des tarots

Les tarots de Marseille, dont Nicolas Conver perpétue le modèle en 1760, ont été dessinés par Albrecht Dürer.

Ce projet d'origine Byzantine a trouvé refuge en Italie du nord, à la chute de Constantinople. Les guildes de peintres ont relevé le défi, cependant il leur fallait un graveur de génie pour assurer la pérennité du projet. La main de maître qui acheva les cartes fut celle d'Albrecht Dürer, Quatre gravures au format inhabituel accompagnent les cartes – les Meisterstiche. La reine des quatre, *Melencolia**, sert de toile de fond à la présentation des cartes. (*) MELENCOLIA § I

Les cartes des tarots sont physiquement (dans la réalité) compatibles avec Melencolia . Il y a la place pour trois cartes en largeur sur la gravure. Par transparence, les symboles échangent leurs secrets. Le ternaire VII-VIII-IX constitué du Chariot, la Justice et l'Hermite est particulièrement éloquent. L'horizon coupe les cartes en deux. L'arc en ciel fait un triomphe au personnage du Chariot et les balances se répondent, unies par la lettre oméga. Cette balance du jugement dernier est celle de l'archange, plus bas, et elle symbolise la parousie, ou retour du Christ (l'alpha correspond à sa naissance, et l'oméga à son retour). Le signe astrologique de la balance est lui-même représenté par un Ω, et ce détail apparaît sur le tympan de Conques. Enfin l'Hermite (représentation de Saturne) empoigne le sablier de Melencolia et la lanterne des cartes. Il mange le carré magique de Jupiter. Et pour respecter la légende, celui-ci est de pierre.

Fig. 100 : Les cartes VII-VIII et IX des tarots sur Melencolia

À l'arrière de ces dessins, la composition des tarots et de la gravure se construisent sur un seul et même quadrillage. Après cinq siècles, la précision de la gravure, dans son respect du quadrillage, est encore de l'ordre du dixième de millimètre.

Ce Qu'il Fallait vous Montrer

ANNEXE – TRIGONOMÉTRIE

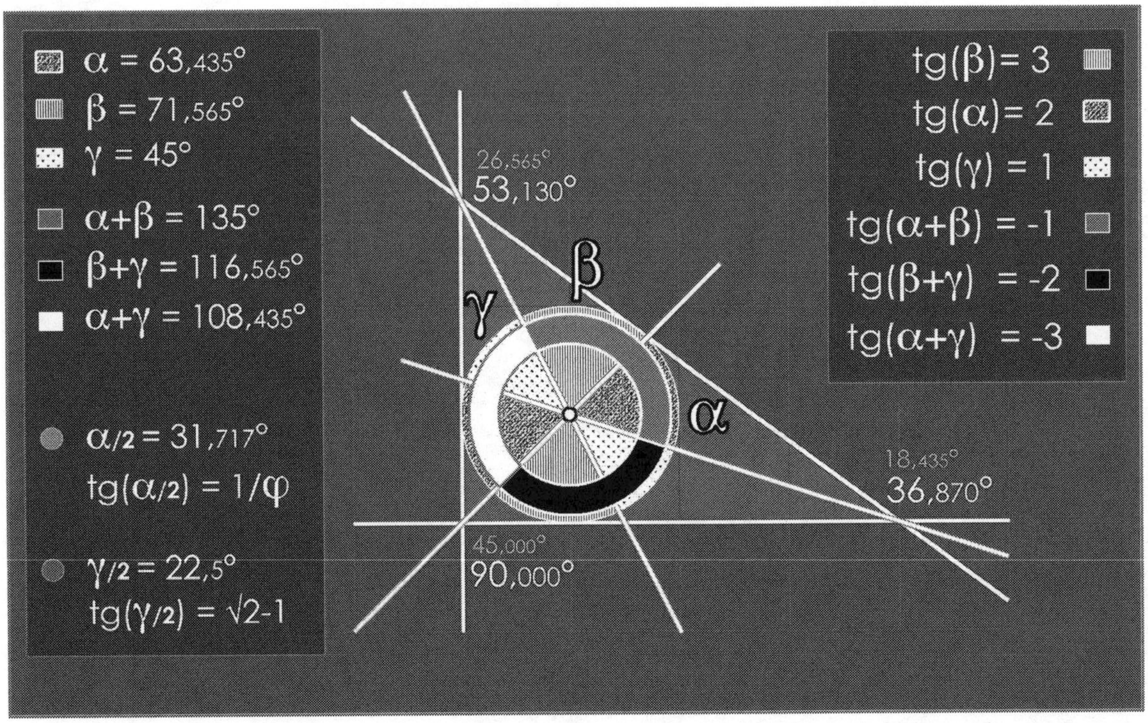

Fig. 101 : Trigonométrie du triangle 3-4-5

Les bissectrices qui se croisent au centre du cercle inscrit définissent trois angles. Anthony Rédou fut le premier à remarquer les valeurs franches qu'affichent ces angles au centre du triangle : 135° et 45°. Leurs tangentes sont tout aussi remarquables ! La trigonométrie n'est *pas d'époque* puisqu'elle s'établit à la Renaissance : néanmoins elle permet de constater facilement l'organisation interne du triangle 3-4-5.

> L'ordre d'une bissectrice est le nombre de carrés dont elle est la diagonale naturelle. Deux à deux, les bissectrices forment deux angles : l'un est aigu et l'autre est obtus.
> - La tangente de l'angle aigu n'est autre que l'ordre de la troisième bissectrice, complémentaire.
> - La tangente de l'angle obtus est encore l'ordre de la troisième, cette fois précédé du signe « – ».

REMERCIEMENTS

Conseiller historique et pédagogique

Jean-Paul Guichard - IREM de Poitiers.

Partenaires, amis et chercheurs

Sébastien Bassu – Strasbourg
Guillaume Beys-Salvan – Rennes
Christophe de Cène – Combourg
Thierry Ciblac – Paris
Sylvie Fainzang – Paris
Thibaut Gress – Paris
Olivier Keller – Paris
Zdeněk Halas – Prague
Henri Lombardi – Besançon
Alain Lambert – Annonay
Frédéric de Ligt – Poitiers
Raphaël Legoy – Le Havre
Hanna Lakoma – Prague
Jean-Paul Mercier – Poitiers
Yvan Monka – Strasbourg
Isabelle Paresys – Lille
Geneviève von Petzinger – Victoria
Anthony Rédou – Prague

Sites Internet

http://www.jacquier.org	Site de l'artiste
http://www.contemporary-painting.com	(version anglaise)
http://www.melencoliai.org	Albrecht Dürer
http://www.art-renaissance.net	Renaissance
http://www.andrei-rublev.com	Icônes

Table des matières

Made in the USA
Monee, IL
01 March 2026

45148470R00070